新一代信息通信技术支撑新型能源体系建设
——双新系列丛书

低功耗无线传感网电力应用

现状与发展报告

中国能源研究会信息通信专业委员会　　组编
EPTC 电力信息通信专家工作委员会

中国水利水电出版社
www.waterpub.com.cn
·北京·

内 容 提 要

为落实《"十四五"信息通信行业发展规划》和《物联网新型基础设施建设三年行动计划（2021—2023 年）》，加快电网基础设施智能化改造和智能微电网建设，进一步提升高性能、通用化的物联网感知终端供给能力有关要求，面向电力与无线传感产业的融合，促进低功耗无线传感网在电力行业的规模化应用、产业化发展，EPTC 信通智库推出《低功耗无线传感网电力应用现状与发展报告》。本书围绕电力无线传感网技术创新应用，聚焦于低功耗无线传感网在发电、输电、变电、配电、用电等电力行业领域的应用，介绍了无线传感网及其产业发展现状，概述了无线传感网主流技术，总结提炼了电力无线传感网在电力领域的应用情况，分析研究了电力无线传感网的应用价值和挑战，探讨提出了电力无线传感网技术应用发展趋势及建议。

本书凝聚了各专业机构多年来开展低功耗无线传感网在电力行业应用的实践经验，能够给电力工作者和其他行业信息技术相关工作的研究人员和技术人员在工作中带来新的启发和认识，共促我国电力无线传感网快速发展。

图书在版编目（CIP）数据

低功耗无线传感网电力应用现状与发展报告 / 中国能源研究会信息通信专业委员会，EPTC电力信息通信专家工作委员会组编. —— 北京 ： 中国水利水电出版社，2023.9
ISBN 978-7-5226-1763-3

Ⅰ．①低… Ⅱ．①中… ②E… Ⅲ．①无线电通信—传感器—计算机网络—研究报告—中国 Ⅳ．①TP212

中国国家版本馆CIP数据核字(2023)第162214号

书　　名	**低功耗无线传感网电力应用现状与发展报告** DIGONGHAO WUXIAN CHUANGANWANG DIANLI YINGYONG XIANZHUANG YU FAZHAN BAOGAO
作　　者	中国能源研究会信息通信专业委员会 EPTC 电力信息通信专家工作委员会　　组编
出版发行	中国水利水电出版社 （北京市海淀区玉渊潭南路 1 号 D 座　　100038） 网址：www.waterpub.com.cn E - mail：sales@mwr.gov.cn 电话：(010) 68545888（营销中心）
经　　售	北京科水图书销售有限公司 电话：(010) 68545874、63202643 全国各地新华书店和相关出版物销售网点
排　　版	中国水利水电出版社微机排版中心
印　　刷	天津嘉恒印务有限公司
规　　格	184mm×260mm　16 开本　6.5 印张　150 千字
版　　次	2023 年 9 月第 1 版　2023 年 9 月第 1 次印刷
印　　数	0001—2000 册
定　　价	**88.00** 元

本 书 组 委 会

组编顾问　李向荣　吴张建　余建国　王　磊　汪　峰
　　　　　王　乐　景　帅

组编人员　张春林　白敬强　梁志琴　郝悍勇　陈姗姗
　　　　　谢丽莎　刘　静　黄丽红

组编单位　中国能源研究会信息通信专业委员会
　　　　　EPTC 电力信息通信专家工作委员会

本书编委会

主　　　编　赵训威

副 主 编　郭经红

编　　　委　陆　阳　翟　迪　李睿宜　章灵芝　王　丹

　　　　　　李明栋　张鹤立　王　浩　李宛真　王志刚

　　　　　　白　杰　郑　敏　刘　洪　毛嘉辉　章　毅

　　　　　　王信佳　胡志明　吴振田　韦海荣

主 编 单 位　中能国研（北京）电力科学研究院

副主编单位　国网智能电网研究院有限公司

参 编 单 位　国网信息通信产业集团有限公司

　　　　　　广东电力通信科技有限公司

　　　　　　南京导纳能科技有限公司

　　无线传感网是大量的静止或移动的传感器节点以自组织和多跳的方式构成的无线网络，可以感知、采集和处理信息，并将获得的详尽信息发送给需要的用户。

　　"十四五"期间，国家电网有限公司服务新型电力系统构建需求，将"全力推进电力物联网高质量发展"作为重点工作任务之一，其中的各项工作部署均离不开无线传感网的支撑。无线传感器网中众多类型的传感器，可探测包括地震、电磁、温度、湿度、噪声、光强度、压力、土壤成分、移动物体的大小、速度和方向等。潜在的应用领域可以归纳为军事、航空、防爆、救灾、环境、医疗、保健、家居、工业、商业等领域。新型电力系统的一些重要的、需要被监控的设备上可以安装传感器，实时监控设备的运行状况。采用无线传感网络技术，将监测到的重要参数上传到集中处理平台，智能电力系统可以根据参数的变化，及时发现设备故障等，主动预防可能发生的各种事故。

　　与传统有线网络相比，无线传感网络具有很明显的优势，主要有：低能耗、低成本、通用性、网络拓扑、安全、实时性、以数据为中心等。无线传感网给电力行业带来应用价值的同时，也面临着极大的挑战。通用无线传感网技术无法满足某些特定的业务需求，变电站、输电线路等某些复杂的电力现场环境对于功耗控制、传输距离、组网灵活性等方面有特定需求，需要结合电力物联网的业务需求和应用场景来实现功耗和连接性能的协同优化；在终端接入和数据传输方面，设备和数据量均呈爆发式增长，海量数据给电力物联网带来了资源和数据传输带宽的压力；传感节点大多布置在户外环境中，恶劣环境和网络攻击均影响传感节点的运行和信息传递，因此，提升终端接入安全和抗干扰能力是保证电力物联网健康发展的重要基础；传感器小型化、无源化技术有待突破，利用电网沿线的磁场、电场、振动及温差等外部条件，实现微源取能是关键难点。为此，电力企业需要弥补现有的不足和短板，结合电力行业发展战略，研究低功耗无线传感网的网络与安全连接技术，全方位地提高感知数据的颗粒度、广度和维度，并持续积极探索基于人工智能的知识赋能、5G 通信技术、基于边缘计算的技术、数据开发服务技术等方面融合发展。

为落实《"十四五"信息通信行业发展规划》（工信部规〔2021〕164 号）和《物联网新型基础设施建设三年行动计划（2021—2023 年）》（工信部科〔2021〕130 号），加快电网基础设施智能化改造和智能微电网建设，进一步提升高性能、通用化的物联网感知终端供给能力，面向电力与无线传感产业的融合，促进低功耗无线传感网在电力行业的规模化应用、产业化发展，中国能源研究会信息通信专业委员会联合 EPTC 电力信息通信专家工作委员会组织编制了《低功耗无线传感网电力应用现状与发展报告》。

本书旨在促进无线传感网在电力行业的规模化应用、产业化发展，给电力无线传感网融合发展提供参考与服务。围绕电力无线传感网技术创新应用，聚焦于低功耗无线传感网在发电、输电、变电、配电、用电等电力行业领域的应用，具体包括电力发电厂监测区域的事故预警、环境状态判断、劣化趋势分析，输电线路的电力巡检和运维管理，变电站内电力设备的运行状态、环境状态等在线监测，配电领域储能和配电自动化业务的监控和故障定位系统，用电采集和精准负荷控制业务的监测和分析管理等。本书介绍了无线传感网及其产业发展现状，概述了无线传感网主流技术，总结提炼了电力无线传感网在电力领域的应用情况，分析研究了电力无线传感网的应用价值和挑战，探讨提出了电力无线传感网技术应用发展趋势及建议。

本书由研究院所、产业单位等多家行业内机构基于大量的素材、案例和资源共同编写而成，凝聚了各专业机构多年来开展低功耗无线传感网在电力行业应用的实践经验，电力物联网行业专家学者对本书提出了宝贵意见，在此对所有为本书做出贡献的单位和个人表示衷心感谢！

由于编写水平有限，不能以点带面，书中可能存在纰漏或不成熟之处，欢迎专家学者给予批评指正。以期群策群力，共促我国电力无线传感网快速发展。

编者

2023 年 7 月

目录

概　　述

1.1　低功耗无线传感网技术概述

1.1.1　低功耗无线传感网概述

无线传感网由多个传感终端节点组网连接而成，传感终端节点均具备感知和通信的能力，且大多体积较小、成本不高，可在实体空间内大量部署，完成本机状态或状况的监控上报，如温度、压力、震动等。其关键技术覆盖组网、通信、节能、干扰管理等多方面。随着能源和工业互联网的发展，低功耗、大规模的通信需求催生了低功耗无线传感网，其具有能耗低、覆盖广、成本低等优势，能够满足复杂的物联网环境下的连接需求。低功耗无线传感网技术是目前无线传感网研究重点之一。该技术融合了无线传感网技术的特征，可以实现感知、收集和传输数据的基本功能。由于无线感应器终端节点较小，自身电池能源供给量有限，且工作环境恶劣、节点数量庞大、节点间相互独立导致定期更换电池可操作性低，能耗问题成为高速发展过程中低功耗无线传感网面临的最大挑战。

1.1.2　低功耗无线传感网技术分类

低功耗无线传感网技术按部署区域的大小，可分为两类，即低功耗局域网技术和广域网技术。低功耗局域网的核心技术包括用电信息采集设备微功率无线通信、无线保真（Wireless Fidelity，WiFi）、蓝牙（Bluetooth）、紫蜂协议（ZigBee）、面向工业过程自动化的工业无线网络标准技术（Wireless Networks for Industrial Automation Process Automation，WIA-PA）等；低功耗广域网技术的典型技术包括输变电设备微功率无线通信、远距离无线电（Long Range Radio，LoRa）、窄带物联网（Narrow Band Internet of Things，NB-IoT）、Sigfox（法国 Sigfox 公司开发的一种 LPWAN 技术）、广域物联网通信协议（Wide-range IoT Communication，WIoTa）、ZETA（纵行科技公司开发的一种 LPWAN 技术）等。

1.1.2.1　低功耗局域网技术

运用无线通信技术，在局域范围内组建的网络即为低功耗无线局域网。无线局域网的传输媒介一般为无线多址信道，在提供无线通信的同时能够降低能源的消耗。低功耗局域网还具有传输速率高、多址接入、可靠性高、抗射频干扰强、组网灵活及易于扩展等特征。低功耗局域网技术稳定性相对更强，整体产业化成熟度比广域网更高，广泛地应用于多个领域。

1. 用电信息采集设备微功率无线通信技术

用电信息采集设备微功率无线通信网络是在电力行业中由国家电网为主导制定的无线通信网络，通信链路相对稳定，它由子节点和中心节点组成，子节点模块安装在采集器或者电表中，中心节点模块安装在集中器。子节点和子节点之间彼此不能直接进行通信，但子节点可以进行数据的转发，子节点与中心节点之间可以相互通信。它采用自组织网络构架，其发射功率不大于 50MW，工作频率为公共计量频段 470～510MHz，用电信息采集微功率无线通信系统，具有 7 级中继深度，在低功率发射的情况下，在实际的居民用电环境中，通过多级中继路由，有效通信覆盖半径达到 300～1000m。

2. WiFi 技术

WiFi 技术基于电气与电子工程师协会（Institute of Electrical and Electronic Engineers，IEEE）IEEE 802.11 标准。通过该技术，可在同一个无线局域网内接入多个电子设备。WiFi 技术具有海量连接、可靠性高、标准规范完善等优势。WiFi 技术支持网状拓扑结构，能够支持数据传输、语音和视频通信等多种业务，其系统简单、造价低，可实现快速部署。但由于 WiFi 协议开放且加密方式简单，其安全性相对较差。截至 2022 年，WiFi 技术进行了 6 代革新发展，相比于前几代技术，新一代技术 WiFi6 速度更快、时延更低、容量更大、更安全、更省电。在安全加密协议上，我国于 2006 年提出无线局域网鉴别和保密基础结构（Wireless LAN Authentication and Privacy Infrastructure，WAPI）标准。WAPI 标准已通过 IEEE 批准发布，与 WiFi 安全加密标准不同的是，WAPI 双向均认证，从而保证传输的安全性。WAPI 安全系统采用公钥密码技术，鉴权服务器（Authentication Server，AS）负责证书的颁发、验证和吊销等，无线客户端与无线接入点（Access Point，AP）上都安装有 AS 颁发的公钥证书，作为数字身份凭证。当无线客户端登录至 AP 时，在访问网络之前必须通过 AS 对双方进行身份验证。根据验证的结果，持有合法证书的移动终端才能接入持有合法证书的 AP。

3. 蓝牙技术

蓝牙技术提供电子设备之间的短距离沟通，能够在电脑、手机、对应外设等多个设备间实现低成本、低功耗、方便快速、安全灵活的无线通信。蓝牙版本从 1.0 开始，不断更新换代，2021 年已更新到 5.3 版本。其中，蓝牙 5.0 具备物联网里程碑意义，采用无线网状网（Mesh），并支持多对多的设备间传输方式，适用于要求具备安全可靠传输环境的海量终端接入场景，例如无线传感网、自动化场景等。

4. ZigBee 技术

ZigBee 技术是在 IEEE 802.15.4 协议标准的基础上发展而来，支持多种网络结构，如星形网、树形网、网状网等。采用多跳自组网的方式，网络健壮性强，节点间通信距离为数十米。ZigBee 技术与蓝牙技术具有相似性，但 ZigBee 技术的优势更大，如较强的兼容性、低功耗、实现成本和复杂度较低、能够可靠传输等，适用于传输速率较低、距离较短、要求低功耗的应用场景。

5. WIA－Pa 技术

WIA－Pa 是一种面向工业全过程状态监测与自动化控制的无线通信网络协议标准，此标准是中国无线联盟针对工业过程自动化领域，根据 IEEE 802.15.4 框架制定的子标准。WIA－PA 标准是基于"国家高技术研究发展计划"（简称"863"计划）《工业无线技术及网络化测控系统研究与开发》项目提出。

1.1.2.2　低功耗广域网技术

随着物联网技术的发展，以及产业对物联网的需求不断升级，短距离的传感终端设备和低功耗局域网已经无法满足新的需求。低功耗广域网络（Low Power Wide Area Network，LPWAN）开始蓬勃发展。LPWAN 的远距离、低成本、低功耗、可大量接入终端等特性，使其与物联网更加匹配。以下介绍几个典型 LPWAN 技术。

1. 输变电设备微功率无线通信技术

输变电设备微功率无线通信协议是国家电网为主导制定的电力行业信息采集通信标准，应用于输变电领域电力信息采集场景。输变电设备物联网传感终端以微功率无线通信的方式接入到汇聚节点，汇聚节点接入到接入节点，从而构建起由接入节点、多个汇聚节点和传感终端所组成的数据传输业务承载网络。

2. LoRa 技术

LoRa 是基于扩频技术改进而来。它是一种低功耗、窄频段、远距离的通信技术。LoRa 的工作频段未被授权，其带宽比较窄，传输距离远，适用于较低功耗、窄带、大量连接、对时延没有高要求的采集类业务。LoRa 属于物理层的无线调制技术，利用扩频技术，使接收器的灵敏度得到提高，可应用于不同的协议，如 LoRa 私有网络协议、LoRa 广域网（LoRa Wide Area Network，LoRaWAN）协议等，但 LoRa 的核心技术专利由美国公司拥有，在应用时会受到掣肘。另外，LoRa 有很多不同的技术体系，不同厂家的设备难以兼容，需要进一步规范标准。

3. NB－IoT 技术

窄带物联网（Narrow Band Internet of Things，NB－IoT）是由我国企业联合国际相关通信公司共同制定的窄带物联网技术标准，并于 2016 年得到第三代合作伙伴项目（the 3rd Generation Partnership Project，3GPP）立项，已成为被运营商广泛推广的商用技术。NB－IoT 网络是 4G/长期演进（Long Term Evolution，LTE）移动通信网络的一个重要组成部分，也将随着 5G 网络的部署进一步提高性能。NB－IoT 具有低功耗、广覆盖、易组网、低成本等优势，如将 NB－IoT 融入到无线传感器网络（Wireless Sensor Networks，WSNs）的组网中，适应 WSNs 在移动场景中的应用，适应 WSNs 在商业领域快速部署的要求，也符合即将到来的 5G 环境中 WSNs、物联网、人工智能、移动通信技术交叉融合的新趋势。

4. Sigfox 技术

Sigfox 技术由法国公司于 2009 年首次提出，其原理是通过超窄带调制技术和高功率谱密度实现物联网设备的无线连接，技术特点包括低功耗、低成本、低速率及远距离传输，Sigfox 技术是 LPWA 技术体系重要成员之一。在全球频段划分方面，Sigfox 通信在欧洲范围内被划分为 868MHz，在美国范围内被划分为 915MHz，在其他国家或地区被划分为 902～928MHz。Sigfox 使用超窄带调制技术传输信号，每条信息传输宽度为 100Hz，频带宽度较窄，但频率功率谱密度更高，以高脉冲功率的方式克服干扰。在应用规模方面，截至 2020 年 12 月，Sigfox 已服务全球 83 个多国家，全球使用人数达 12 亿人。

5. WIoTa 技术

WIoTa 由我国企业自主开发，主要服务于连接量大、低功耗、低成本、覆盖广的应用，可广泛部署在非授权频谱上。作为国产新星，WIoTa 针对 LPWAN 领域应用提供了深度技术优化，通过全自主 IP 创新、蜂窝化组网技术、同步＋异步融合机制、高安全方面的技术和应用创新，已经成功在 LPWAN 市场中抢下了一席之地，在追求更低功耗、更高性价比基础上，将 LPWAN 推向新的时代，为 LPWAN 赋予了更大容量、更广覆盖、更高安全的行业属性，并具备提供综合物联网业务能力。

6. ZETA 技术

ZETA［LPWAN（低功耗广域物联网）无线标准］是由我国企业研发的低功耗物联网通信技术产品，通过自研 Advanced M－FSK 无线通信基带，使 ZETA 能做到传统 LP-WAN 技术的 1/10 成本、1/6 功耗、1/8 频谱占用压缩，支持分布式组网方式。ZETA 支持 Mesh 自组织网络，是首个为嵌入式端智能提供算法升级的 LPWAN 通信标准，研发 10 美分成本、10km 覆盖、10MW 功耗甚至无源的窄带通信芯片 IP，实现更下沉的 LP-WAN 2.0 泛在物联。ZETA 在传统 LPWAN 的穿透性能基础上，进一步通过分布式接入机制实现部署，并为 Edge AI（端智能）提供底层支持，具有"低功耗、大连接、低成本、广覆盖、安全性"等优势。

1.2　无线传感网技术标准化现状及应用情况

1.2.1　无线传感网技术国内外标准化现状

1.2.1.1　国外标准化工作开展情况

截至 2022 年，低功耗无线传感网的国际标准化工作虽然已取得部分成果，但是尚未形成完整体系。低功耗无线传感网接入技术标准相对较为成熟，主要针对细分垂直行业领域进行技术优化或新兴技术研究。制定此标准的国际性标准化组织主要包括 IEEE 传感网标准化、ZigBee 联盟、LoRaWan 联盟等。

国际标准化工作的开展，主要是 IEEE 协会针对无线传感网接入技术进行了大量的系统研究，尤其在短距离无线接入技术领域制定了众多标准。蓝牙、WiFi、ZigBee 分别在不同 IEEE 标准的基础上扩展得到蓝牙（IEEE 802.15.1）、WiFi（IEEE 802.11）和 ZigBee（IEEE 802.15.4）。

蓝牙技术的基础为 IEEE 802.15.1 标准，最初是为了实现笔记本、个人台式机和智能手机与对应的外设能够通过无线的方式进行数据传输而设计，因此蓝牙技术具有局限性，但能够满足设备无线接入的实际需求。蓝牙版本更新示意见表 1-1，蓝牙技术联盟不断更新蓝牙标准，2021 年更新至 5.3 版本。

表 1-1   蓝牙版本更新示意

蓝牙版本	发布时间	最大传输速率	传输距离
蓝牙 1.1	2002	810kbit/s	10m
蓝牙 1.2	2003	1Mbit/s	10m
蓝牙 2.0+EDR	2004	2.1Mbit/s	10m
蓝牙 2.1+EDR	2007	3Mbit/s	10m
蓝牙 3.0+HS	2009	24Mbit/s	10m
蓝牙 4.0	2010	24Mbit/s	100m
蓝牙 4.1	2013	24Mbit/s	100m
蓝牙 4.2	2014	24Mbit/s	100m
蓝牙 5.0	2016	48Mbit/s	300m
蓝牙 5.1	2019	48Mbit/s	300m
蓝牙 5.2	2019	48Mbit/s	300m
蓝牙 5.3	2021	48Mbit/s	300m

IEEE 802.11 是 IEEE 系列协议的统称，也是无线局域网的通用标准，其中 IEEE 802.11b、IEEE 802.11a、IEEE 802.11n 等规定了不同频率、不同速率下的无线局域网通信规范。WiFi 技术的基础为 IEEE 802.11b/a/n/g 标准，从 20 世纪 90 年代起开始应用于商业领域，最开始用于解决一些具有特殊地理情况区域的布线难点。随着物联网技术的发展以及相应标准的成熟和提升，WiFi 技术在物联网接入技术中逐步占据了重要的地位。

IEEE 802.15.4 标准起源于 2003 年，目标是构建设备间的低速率个域网。该标准主要定义了两个网络层次的通信规范，即物理层和媒体接入控制层（Media Access Control Layer，MAC）。想要在无线传感网应用中采用 WiFi 和蓝牙技术时，需要采用非标准的方式，这样就能间接达到 IEEE 802.15.4 的基本标准。

ZigBee 技术诞生于 2004 年，由国外多家公司加盟的 ZigBee 联盟发布了第一个 ZigBee 协议规范，即 ZigBee2004，之后又陆续发布了 ZigBee2006、ZigBee2007、ZigBee Pro 和 ZigBee 3.0 等版本。ZigBee 协议的物理层和 MAC 层标准符合 IEEE 802.15.4，之后 ZigBee 联盟另外定义了 ZigBee 的传输层、网络层和应用层，ZigBee 协议得到了完善。ZigBee2004 版仅规范确定了基础的网络结构模型，ZigBee2006 之后的版本开始逐步增添管理模块及路由相关算法，完善了 ZigBee 技术。因此，ZigBee 技术可以支持连接更多硬件设备，应用更广泛。

最初基础 IEEE 802.15.4 和 ZigBee 协议仅设定了联网和通信部分，面向种类繁多的传感器终端，没有统一的接口协议标准。伴随着无线传感网技术以及行业的发展，基础协议无法满足无线传感网新的需求。此外，IEEE 802.15.4 和 ZigBee 标准在不同的地区和国家应用时，也会根据本地区的标准进行调整。所以，IEEE 802.15.4 和 ZigBee 协议逐渐产生了不同的版本。

2015 年 1 月，LoRa 联盟负责制定初代 LoRaWAN 协议规范，之后 LoRa 联盟持续的更新完善协议。2016 年 7 月，LoRa 联盟发布了沿用至今的 LoRaWAN™ Specification V1.0.2 标准版本，定义了网络架构和通信协议。LoRa 协议栈主要包括了物理层、MAC 层和应用层三层结构。物理层主要设定了 LoRa 技术的调制解调机制，并对不同国家和地区的频段进行了划分。LoRaWAN 制定了三种 MAC 层通信方式，即 ClassA、ClassB、ClassC。ClassA 是一种必须实现的基础通信方式，而 ClassB 和 ClassC 可以由开发者根据实际需要来确定是否实现。LoRaWAN 的应用层负责管理网关，并对数个终端设备上传的数据进行处理，应用层主要由服务器实现。LoRa 工作在私有频段，可在园区、校园等场景中灵活组网，适用于传感器、基站和网络服务提供商。

1.2.1.2　国内标准化工作开展情况

2005 年 11 月，全国信息技术标准化技术委员会（以下简称"信标委"）组织行业内专家讨论无线传感网标准的制定、市场应用等，成立了中国无线传感网标准化工作组（以下简称工作组）。为与日本（950MHz）、美国（915MHz）进行区分，工作组提出了中国专用的 780MHz 频段以及相应的低速无线个域网技术标准，国家无线电管理委员会批准发布了该标准。此外，工作组还推动制定了 IEEE 802.15.4c 标准。

起初，国内的 ZigBee 技术主要应用于学术研究，我国缺少自行研发的产品，外国厂商占据了绝大部分的 ZigBee 市场。随着我国大力支持和发展无线传感网，并出台了一系列相关政策，学术界众多学者和机构开始深入研究 ZigBee 技术，包括对 ZigBee 硬件设计、与其他技术的融合、协议、网络拓扑结构等方面的研究，这些研究使得 ZigBee 技术在不同领域内均获取了可观的应用成果。

ZETA 和 WIoTa 作为国内自主研发的 LPWAN 系统，采用自定义 LPWAN 协议。它的普遍做法是将 IEEE 802.15.g 和 Mesh 协议等引入 LPWAN 领域，加上配合市面上成熟的频移键控（Frequency - Shift Keying，FSK）和超窄带技术（Ultra Narrow Band，UNB）传输芯片，通过设计网关、中继和协议，解决 LPWAN 协议效率低导致容量小的问题，以满足特定垂直行业的物联网应用。这种模式不用研发芯片，以完成协议软件的开发为主，相对投入少、周期短，并且国外大芯片公司也有成熟的 FSK/UNB 芯片，国内做自定义 LPWAN 协议的公司比较多，ZETA 和 WIoTa 便是其中较好的两种。

在协议安全性方面，我国也有所研究，IEEE 802.11b 协议自公布之后就迅速成为行业标准。但其有线等效保密（Wired Equivalent Privacy，WEP）安全协议并没有得到普遍的认可。国外学者通过研究发现 WEP 安全协议的安全设计缺陷，并通过试验验证了该协议容易在实际应用时遭到破译。2001 年起，我国开始研究安全协议；2003 年 5 月，提出全新的无线局域网国家标准 GB 15629.11《信息技术　系统间远程通信和信息交换局域网和城域网 特定要求 第 11 部分：无线局域网媒体访问控制和物理层规范》，并对应制定了 WAPI 安全通信协议，于 2003 年 12 月开始实施；2006 年 1 月，国家质量监督检验检疫总局补添颁布了三项无线局域网标准，从而形成了完整的 WAPI 标准体系；2009 年，在国际标准组织会议上，WAPI 提案首次得到多个参会成员国家的支持和同意。WAPI 协议的优势在于接入认证和无线数据加密等方面，但 WAPI 的性能不及 WiFi，在进行大范围部署时，WAPI 的管理存在一定缺陷。

面向工业过程自动化的工业无线网络标准技术（Wireless Networks for Industrial Automation Process Automation，WIA - PA）的技术标准化方面，由中国科学院自动化研究所牵头，国内 20 家单位联合组建的工业无线技术联盟于 2006 年成立。"工业用无线通信技术"标准起草工作由中国科学院沈阳自动化研究所协调全国工业过程测量与控制标准化技术委员会开展。2011 年 7 月 29 日，GB/T 26790.1—2011《工业无线网络WIA 规范 第 1 部分：用于过程自动化的 WIA 系统结构与通信规范》为编号的 WIA - PA 国家标准发布。同年 10 月 14 日，经国际电工委员会（International Electrotechnical Commission，IEC）工业过程测量、控制与自动化技术委员会批准，由沈阳自动化所牵头，WIA - PA 正式成为国际电工委员会的国际标准。

国际电工委员会致力于制定工业物联网通信标准，提供物联网设备技术支持。SC65C 制定工业测量与控制过程中的数字通信子系统标准，其下属工作组 WG16 制定的 QIA - PA、无线可寻址远程传感器高速通道的开放通信协议（Highway Addressable Remote Transducer，HART）和国际自动化学会（International Society of Automation，ISA）下属的 ISA 100 工业无线委员会制定 ISA 100.11a 标准，已广泛应用于工业数据采集和自动化控制领域。

1.2.2　无线传感网技术应用情况

随着智能化互联时代的到来，在物联网产业需求的驱动下，无线传感网技术得到了大力扶持，并在近些年飞速发展。学术界钻研接入技术、组网协议、定位和同步等关键技术，获得了一系列成果。工业界针对具体的应用场景实现了应用探索实践，包括民用方面的智慧城市和家居、军事方面的目标跟踪、电力方面的输变电线监控和用户自动抄表等。下面将分别介绍蓝牙、WiFi、ZigBee、LPWAN 等技术的应用情况。

1.2.2.1　低功耗无线局域网技术应用情况

1. 用电信息采集设备微功率无线通信技术应用情况

用电信息采集设备微功率无线通信技术，主要应用于用电信息采集系统。用电信息采集系统对电力用户的用电信息进行收集、处理和实时监控，可实现用电信息的自动采集、计量异常监测、电能质量监测、用电分析和管理、相关信息发布、分布式能源监控、智能用电设备的信息交互等功能。用电信息采集设备微功率无线通信技术的性能、承载能力保证了用电信息采集系统功能的多样性和数据的安全性，在采集系统中起着至关重要的作用。

2. 蓝牙技术应用情况

经典蓝牙协议包括蓝牙 4.0 之前的全部蓝牙协议，其应用场景为大众熟知的蓝牙鼠标、蓝牙耳机等。蓝牙协议 4.0 之后开始转为研究低功耗蓝牙，其应用范围更加广泛，不仅为电子产品提供对应的蓝牙设备，还可应用于智慧出行、智能家居、智能家电及智能电表等场景，比如蓝牙车载系统、蓝牙体脂体重秤等。2017 年，蓝牙技术联盟提出了蓝牙

Mesh，补全了蓝牙网状网络的协议标准，提高了在远距离大连接组网场景中蓝牙技术的匹配性。2021 年，蓝牙技术联盟发布了蓝牙市场的最新行业报告《2021 年蓝牙市场最新资讯》，报告中列出了 2020 年全球蓝牙设备的全部出货数量约为 40 亿台，预测蓝牙设备的整体出货数量将于 2025 年增加到 64 亿台，如图 1-1 所示。

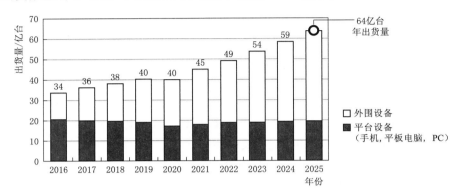

图 1-1　蓝牙市场出货量增长图（来源：ABI Research，2021）

蓝牙设备虽然市场空间大，应用广泛；但存在仅支持几个节点同时接入、通信距离短、易受噪声干扰等劣势，并存在一定的安全隐患。受这些因素影响，限制了蓝牙设备在智能电网中的应用。

3. WiFi 技术应用情况

随着无线网的广泛应用，由于 WiFi 技术具有传输速率高、覆盖范围广等优势，在无线网中逐步占据了主要地位，广泛应用于日常生活、工业、商业等领域。WiFi 技术克服了物理布线这种传统方式的缺陷，连接高速互联网更加简单方便，使移动办公成为可能。此外，WiFi 技术的传输速率比蓝牙等传统技术更高，传输距离更远。但 WiFi 技术也存在缺陷，WiFi 信号传输时，易受到建筑物的遮挡以及被噪声或其他信号干扰，同时安全性欠佳，易被不法分子入侵攻击。

我国自主研发的 WAPI 标准，因涉及商业和国家利益等因素，在初期，受到由国外主导的 IEEE 组织的抵制，在国内，WAPI 很少得到相关厂商的支持，导致 WAPI 标准产品化难度加大。在我国政府的大力支持下，情况逐渐好转，截至 2019 年 12 月，全球无线局域网芯片均已支持 WAPI，芯片型号达 500 多个，全球出货量超过 140 亿颗，具备 WAPI 安全能力的无线局域网产品超过 14000 款，在标准国际化和商业产业化上取得了一定进展。

4. ZigBee 技术应用情况

ZigBee 技术是针对无线设备的低功耗和长期通信需求而设计开发，适用于数据传输量较少、连接设备较多、传输覆盖较大、成本低等需求的应用场景，例如工业安全监控与控制、无线定位等。ZigBee 技术传输速率虽然低于蓝牙技术和 WiFi 技术，但其功耗更低、设备简单且成本低、组网速度更快，并具有网状拓扑结构，AES-128 加密算法使

ZigBee 技术的安全性更有保障。ZigBee 技术所具有的特性决定了它可以应用到诸多领域中，包括军事领域中的侦察和定位、医疗领域中的患者健康监测、智能家居领域中的家电组网管理、环境保护领域中的污染监测、资源开采领域中的事故监测、智能电网领域中的电表或其他电力设备的远距离监控等。

1.2.2.2 低功耗广域网技术应用情况

作为世界上最大的 LPWAN 市场，2015 开始，我国就一直积极推进 LPWAN 技术及其相关产业发展，政策支持力度不断加大，市场规模持续扩展。截至 2020 年 10 月，国内 LoRa 终端的连接数约为 5000 万个。中国市场对 LPWAN 技术和芯片有着最多样的需求，但受到国外技术限制，导致我国集成电路企业缺"芯"问题，一些国内厂家推出了自主替代的 LPWAN 技术和芯片，这些芯片技术路线主要有基于传统 LoRa 的扩频技术芯片、基于传统 Sigfox 的超窄带芯片和以 ZETA 等为代表的基于大规模多天线和波束赋形等全新的下一代 LPWAN 技术。由于厂家自研芯片在技术上缺乏创新提升，推出时间较短，业务模式多为封闭型解决方案，不是开放式合作模式，导致市场份额和影响力不足。

IOT Analytics 于 2020 年 1 月发布的《LPWAN 市场报告（2020—2025 年）》显示，2019 年 LPWAN 市场大幅增长。全球载波监听多路访问（Carrier Sense Multiple Access，CSMA）根据统计的数据，预示着未来物联网产业仍将快速发展。而 LPWAN 的联网设备数量约占物联网总联网设备的一半左右，LPWAN 的重要性显而易见。LPWAN 的应用领域包含了各行各业，如图 1-2 所示。

图 1-2 LPWAN 应用领域

1. 输变电设备物联网微功率无线通信技术应用情况

通过电力传感器、无线传感网、人工智能、边缘计算等技术手段的应用，构建输变电设备物联网，实现设备立体感知、数据云边处理、状态辅助预判、安全智能管控、运检效益提升，满足输电通道、变电站房等多个业务场景下的传感网高效覆盖及低功耗可靠接入。

2. LoRa 技术应用情况

LPWAN 中应用场景最多的技术莫过 LoRa 技术。截至 2020 年，LoRaWAN 拥有 148 家网络运营商，分散在 162 个国家。LoRa 终端接入节点在全球范围已经超过 1 亿个，其中，中国部署了一半左右的 LoRa 节点，是全球最大的物联网（Internet of Things，IoT）应用市场。LoRa 技术组建的网络已经在中国、德国、美国等 17 个国家的 120 多个城市中投入运行。

LoRa 技术传输距离远，最远通信距离可达 20km。数据传输速率慢，工作状态下能耗低，终端芯片和模块成本低，工作在非授权频段，适合专用或小型网络。LoRa 技术已广泛应用于智能电网用户信息采集等电力物联网领域以及各种环境监测、无人机、家庭安全防护等领域，应用前景十分广阔。

3. ZETA 技术应用情况

ZETA 技术是我国企业自主研发的 LPWAN 物联网通信技术，该技术不但实现了技术上的创新，还在应用上打破了传统技术的认知。ZETA 技术的功耗更低，覆盖范围更广，适用与 5G 技术相结合。ZETA 技术契合了物流可视化追踪、供应链等行业的低成本、低功耗应用需求，因此受到了市场的青睐与认可。ZETA 技术可以作为国内很好的替代 LoRa 方案，承担电力物联网、能源领域、工业领域和智慧城市建设等领域的广域无线组网。

4. WIoTa 技术应用情况

WIoTa 技术也为国产 LPWAN 方案，主要为大量连接、低功耗、低成本、覆盖广的应用提供服务。在为企业提供服务方面，WIoTa 技术的应用场景有环境监测、智能农业养殖、智慧能源等；在为个人提供服务方面，WIoTa 技术应用包括语音对讲、智能生活等。

5. WIA-PA 技术应用情况

WIA-PA 技术自 2011 年形成国家标准后，由中国科学院自动化研究所牵头研发基于 WIA-PA 技术的通信设备，包括网关、通信模组以及 30 余种传感器。WIA-PA 技术已经先后在电力、石油、石化、消防、智慧城市等场景成功实施物联网系统解决方案，并根据实际需求，为多家公司开展了大规模试点应用，重点解决了工业自动化领域的低时延、高可靠、高安全、低功耗的需求。

第 2 章

宏观政策环境分析

2.1 国家与行业政策导向

"十二五"期间，国务院、工信部、发展改革委等纷纷出台物联网发展指导文件。2011 年，工信部印发了《物联网"十二五"发展规划》，提出"提升感知技术水平，重点支持超高频和微波射频识别（Radio Frequency Identification，RFID）标签、智能传感器、嵌入式软件的研发，支持位置感知技术、基于 MEMS 的传感器等关键设备的研制，推动二维码解码芯片研究"。传感器作为物联网重要的组成部分，被提到了新的高度。

2013 年，国务院办公厅发布了《国务院关于推进物联网有序健康发展的指导意见》（国发〔2013〕7 号），其中着重提出"加强低成本、低功耗、高精度、高可靠、智能化传感器的研发与产业化，着力突破物联网核心芯片、软件、仪器仪表等基础共性技术，加快传感器网络、智能终端、大数据处理、智能分析、服务集成等关键技术研发创新"。同年，为进一步增强传感器及智能化仪器仪表产业的创新能力和国际竞争力，推动传感器及智能化仪器仪表产业创新、持续、协调发展，工业和信息化部、科技部、财政部、国家标准化管理委员会组织制定了《加快推进传感器及智能化仪器仪表产业发展行动计划》。此外，工业和信息化部、国家发展改革委等 14 个部门联合发布 10 个物联网发展专项行动计划，其中物联网政府扶持专项行动计划、物联网技术研发专项行动计划和物联网标准研制专项行动计划都对传感器的发展提出了明确的目标和要求。

在"十二五"期间，国家较为密集的政策扶植下，我国传感器产业进入新的快速发展阶段。近年来，国内传感器市场持续快速增长，年均增长速度超过 20%，据统计，2011 年传感器市场规模为 480 亿元，2012 年达到 513 亿元，2015 年达到 995 亿元。

2017 年 1 月，工信部发布《信息通信行业发展规划物联网分册（2016—2020 年）》（以下简称"物联网规划"），明确指出我国物联网加速进入"跨界融合、集成创新和规模化发展"的新阶段，提出强化产业生态布局、完善技术创新体系、完善标准体系、推进规模应用、完善公共服务体系、提升安全保障能力等六大重点任务，为我国未来 5 年物联网产业发展指明了方向。截至 2018 年 6 月，物联网规划中期重点指标完成情况评估详见表 2-1。

表 2-1   物联网规划中期重点指标完成情况评估表

序号	主 要 指 标	"十三五"期末目标值	执行情况（约）	
			中期到达（截至 2018 年 6 月）	完成占比
1	物联网总体产业规模/万亿	1.5	1.2	80%
2	公众网络 M2M 连接数/亿	17	5.4	31.8%
3	特色产业集聚区基地/个	10	5	50%
4	产值超 10 亿元的骨干企业/家	200	120	60%
5	制定国家和行业标准/项	200	81	40.5%

注　主要指标完成占比=2018 年 6 月指标到达值/"十三五"期末目标值。

2021 年下半年，国家各部委对信息通信领域出台了多项规定，在物联网与无线传感网方面，包括《物联网新型基础设施建设三年行动计划（2021—2023 年）》与《"十四五"信息通信行业发展规划》，分别对"十四五"期间信息通信工作进行了规定。

2.1.1　国家八部委联合印发《物联网新型基础设施建设三年行动计划（2021—2023 年）》

2021 年 9 月 27 日，工业和信息化部、中央网络安全和信息化委员会办公室、科技部、生态环境部、住房和城乡建设部、农业农村部、国家卫生健康委员会、国家能源局等八部委联合印发了《物联网新型基础设施建设三年行动计划（2021—2023 年）》（工信部联科〔2021〕130 号，以下简称《行动计划》），再次明确了物联网的"新基建"属性，为我国物联网产业的全面发展注入了"强心剂"。

随着经济社会数字化转型和智能升级进入加速道，物联网作为"十四五"期间新型基础设施的重要组成部分，承担着发展社会经济的重要任务。《行动计划》的印发，为接下来三年国内产业发展物联网起到了指引作用，有助于发挥物联网的新基建属性，推动数字经济的高效发展。

在《行动计划》中再次明确：到 2023 年年底，在国内主要城市初步建成物联网新型基础设施，社会现代化治理、产业数字化转型和民生消费升级的基础更加稳固。突破一批制约物联网发展的关键共性技术，培育一批示范带动作用强的物联网建设主体和运营主体，催生一批可复制、可推广、可持续的运营服务模式，导出一批赋能作用显著、综合效益优良的行业应用，构建一套健全完善的物联网标准和安全保障体系。

与此同时，《行动计划》还对部分目标提出具体的量化要求，比如在产业生态中提出要推动 10 家物联网企业成长为产值过百亿、能带动中小企业融通发展的龙头企业，支持发展一批专精特新"小巨人"企业；在应用规模方面，就物联网连接数提出要突破 20 亿的目标；在体系支撑方面，指出要完善物联网标准体系，完成 40 项以上国家标准或行业标准制修订等。

当前，物联网技术已经深度融入社会的方方面面，最典型的例子是个人消费品企业大都加速转型，布局物联网赛道。物联网在整个新技术体系和数字经济的发展中都发挥着举足轻重的作用，因此物联网与其他技术和不同行业的融合发展就极为重要。

在物联网与其他技术融合方面，《行动计划》提到，面向 5G、大数据、人工智能、区块链等技术进行融合创新，打好技术"组合拳"的优势，不断推动物联网应用走向深海。众所周知，在各行各业的数字化转型过程中，一定需要新的技术作为支撑，物联网是其中一项关键性技术，但必须和其他技术相互配合，才能将应用优势发挥得淋漓尽致。

物联网主要实现了信息的感知和数据的传输，是物理世界走向数字化的第一步，也是最重要的一步。通过云计算的数据存储、大数据的数据分析、人工智能的数据计算、区块链的数据安全保障，所有新技术的综合运用才能实现物理世界数字化价值的深度挖掘和开采，最终让数字化经济腾飞。在《行动计划》重点任务的首节中就特别强调了技术"组合拳"，足见其重要，是加速物联网应用开展和落地的重要举措。其中，在突破关键核心技术方面，《行动方案》要求各行业贯通"云、网、端"，围绕信息感知、信息传输、信息处理等产业链关键环节，体系化部署创新链。实施"揭榜挂帅"制度，鼓励和支持骨干企业加大关键核心技术攻关力度，突破智能感知、新型短距离通信、高精度定位等关键共性技术，补齐高端传感器、物联网芯片等产业短板，进一步提升高性能、通用化的物联网感知终端供给能力。

在《行动方案》中，物联网融合应用发展被分为社会治理领域、行业应用领域和民生消费领域三大类，共计12大重点方向，全面覆盖了从社会公共治理到社会生产、生活的方方面面。其中社会治理领域包含了智慧城市、数字乡村、智能交通、智慧能源、公共卫生等5大领域；行业应用领域包括了智慧农业、智能制造、智能建造、智慧环保、智慧文旅等5个领域；民生消费领域包括了智慧家居和智慧健康2个领域。

在每一个领域中，《行动计划》都给出了一些具体的发力方向。在智慧能源领域方面，《行动方案》指出要加快电网基础设施智能化改造和智能微电网建设，部署区域能源管理、智能计量体系、综合能源服务等典型应用系统。结合5G等通信设施的部署，搭建能源数据互通平台，提高电网、燃气网、热力网柔性互联和联合调控能力，推进构建清洁低碳、安全高效的现代能源体系。

2.1.2 工信部发布《"十四五"信息通信行业发展规划》

2021年11月1日，工信部发布《"十四五"信息通信行业发展规划》（以下简称《发展规划》），在《发展规划》中指出，"十四五"时期是我国全面建成小康社会之后，乘势而上开启全面建设社会主义现代化国家新征程的第一个五年，也是建设网络强国和数字中国、推进信息通信行业高质量发展的关键时期。为贯彻落实《中华人民共和国国民经济和社会发展第十四个五年规划和2035年远景目标纲要》，指导信息通信行业未来五年发展，制定本规划。

"十三五"期间，信息通信行业总体保持平稳较快发展态势，主要规划目标任务按期完成，网络能力大幅提升，业务应用蓬勃发展，信息通信技术与经济社会融合步伐加快，行业治理能力显著提升，安全保障能力不断增强，数字红利持续释放，稳投资、扩内需和增就业等作用日益突出，在经济社会发展中的战略性、基础性、先导性地位更加凸显。但还存在一些短板和弱项，行业发展与人民美好数字生活的需要还存在一定差距，一是国内信息基础设施区域发展不平衡仍然存在，国际海缆、卫星通信网络和云计算设施全球化布局尚不完善；二是信息通信技术与生产环节的融合应用程度不够，技术和数据等要素价值有待进一步挖掘，产业创新生态有待完善；三是行业法律法规体系有待进一步完善，行业管理能力与数字经济创新发展的适应程度还有待进一步提升，与国家治理体系和治理能力现代化要求仍然存在差距；四是网络安全保障体系和能力需要持续创新强化，网络安全产业供给水平不足，尚不能完全适应经济社会全面数字化、网络化、智能化发展的需要。表2-2 列举了"十四五"时期信息通信行业发展主要指标。

表 2-2　　　　　　　　"十四五"时期信息通信行业发展主要指标

类别	序号	指 标 名 称	2020 年	2025 年	年均/累计	属性
总体规模	1	信息通信行业收入/万亿元	2.64	4.3	10%	预期性
	2	信息通信基础设施累计投资/万亿元	2.5	3.7	【1.2】	预期性
	3	电信业务总量/万亿元	1.5	3.7	20%	预期性
基础设施	4	每万人拥有 5G 基站数/个	5	26	【21】	预期性
	5	10G-无源光网络（Passive Optical Network，PON）及以上端口数/万个	320	1200	【880】	预期性
	6	数据中心算力（每秒百亿亿次浮点运算）	90	300	27%	预期性
	7	工业互联网标识解析公共服务节点数/个	96	150	【54】	预期性
	8	移动网络互联网协议第六版（Internet Protocol Version 6，IPv6）流量占比/%	17.2	70	【52.8】	预期性
	9	国际互联网出入口带宽/（Tbit/s）	7.1	48	【40.9】	预期性
绿色节能	10	单位电信业务总量综合能耗下降幅度/%	—	—	【15】	预期性
	11	新建大型和超大型数据中心运行电能利用效率（PUE）	1.4	<1.3	【>0.1】	预期性
应用普及	12	通信网络终端连接数/亿个	32	45	7%	预期性
	13	5G 用户普及率/%	15	56	【41】	预期性
	14	千兆带宽用户数/万户	640	6000	56%	预期性
	15	工业互联网标识注册量/亿个	94	500	40%	预期性
	16	5G 虚拟专网数/个	800	5000	44%	预期性
创新发展	17	基础电信企业研发投入占收入比例/%	3.6	4.5	【0.9】	预期性
普惠共存	18	行政村 5G 通达率/%	0	80	【0.9】	预期性
	19	电信用户综合满意指数	81.5	>82	【>0.5】	约束性
	20	互联网信息服务投诉处理及时率/%	80	>90	【>10】	约束性

注　1.【】内为 5 年累计变化数。

2. 5G 用户为 5G 终端连接数。

《发展规划》中指出，要支持新型城市基础设施建设，推动利用 5G、物联网、大数据、人工智能等技术对传统基础设施进行智能化升级。加快推进城市信息模型（City Information Model，CIM）平台和运行管理服务平台建设；实施智能化市政基础设施改造，推进供水、排水、燃气、热力等设施智能化感知设施应用，提升设施运行效率和安全性能；建设城市道路、建筑、公共设施融合感知体系，协同发展智慧城市与智能网联汽车；搭建智慧物业管理服务平台，推动物业服务线上线下融合，建设智慧社区；推动智能建造与建筑工业化协同发展，实施智能建造能力提升工程，培育智能建造产业基地，建设建筑业大数据平台，实现智能生产、智能设计、智慧施工和智慧运维。

2.2　产业环境分析

2017 年 1 月，工信部发布《智能传感器产业三年行动指南（2017—2019 年）》（以下简称《指南》，工信部电子〔2017〕288 号），紧紧围绕产业链协同升级和产业生态完善，补齐以特色半导体工艺为代表的基础技术、通用技术短板，布局基于新原理、新结构、新材料等的前沿技术、颠覆性技术，做大做强一批深耕智能传感器设计、制造、封测和系统方案的龙头骨干企业，打造一批具有国际影响力的技术标准、知识产权、检测认证和创新服务的机构，建成核心共性技术协同创新平台，有效提升中高端产品供给能力，推动我国智能传感器产业加快发展，支撑构建现代信息技术产业体系。《指南》提出总体发展目标：到 2019 年智能传感器产业规模达到 260 亿元，其中主营业务超过 10 亿元的企业达到 5 家，超过 1 亿元的企业实现 20 家。

我国在 2009 年 11 月于无锡成立了国家传感网创新示范区。截至 2018 年 6 月，我国已经设立江苏无锡、浙江杭州、福建福州、重庆南岸区、江西鹰潭等 5 个物联网特色的新型工业化产业示范基地，其中鹰潭为 2017 年审核通过。

2.3　电力企业战略

2.3.1　国家电网有限公司

2020 年 3 月，国家电网有限公司将"具有中国特色国际领先的能源互联网企业"作为公司战略目标。其中，"能源互联网"是方向，代表电网发展的更高阶段，将先进信息通信技术、控制技术与先进能源技术深度融合应用，具有泛在互联、多能互补、高效互动、智能开放等特征的智慧能源系统。电力传感技术贯穿发、输、变、配、用各个环节，是获取电网运行状态及运行环境的基础，赋予电网触觉、听觉和视觉，电力传感器和由此构成的电力传感网是能源互联网的重要基础设施之一，能够有效支撑能源互联网的建设。

在此背景下，国家电网有限公司将"全力推进电力物联网高质量发展"作为 2020 年重点工作任务之一，从迭代完善顶层设计、持续夯实基础支撑、赋能电网建设运营、推动"平台＋生态"几个方面明确了工作要求、责任人及责任单位。电力传感是电力物联网的基础和核心，"全力推进电力物联网高质量发展"中的各项工作部署均离不开电力传感产业的支撑。

与此同时，国家电网有限公司进行了一系列工作部署。首先，将开展智能传感器重点专题研究作为加快落实能源互联网技术研究框架的重点任务之一。其次，在 2020 年设备管理部重点工作中指出：深化红外、局部放电等检测技术应用，加快变电站设备集中监控系统建设；推进重点输电线路通道可视化建设；推动台区智能融合终端建设与应用；加快制定智能设备技术标准，融合油色谱、局部放电、压力等先进实用智能传感技术，统一智能设备接口规范，实现设备状态全面感知、在线监测、主动预警和智能研判等。最后，将推进智慧物联体系建设应用作为其一项重要工作，旨在促进感知层资源和数据共享。国家电力调度通信中心也提出：全面推广用电信息采集系统配变停复电信息、准实时负荷、历史负荷接入调配技术，支撑系统年内配变有效感知率达到 70％以上。

国家电网有限公司新战略目标的实施和落地应用将给电力传感产业带来前所未有的发展机遇，不仅能够极大地增加市场份额，而且对于提升我国基础材料和器件、高端传感器研发能力，以及完善产业链结构有积极的促进作用。

2.3.2　中国南方电网有限责任公司

2018 年 12 月，中国南方电网有限责任公司对"南方电网公司物联网技术与应用发展专项规划项目"进行公开招标，并于 2019 年 2 月公布招标结果。该项目拟在全面调研物联网技术和应用的政策背景、发展趋势、面临机遇与挑战的基础上，构建科学合理的物联网技术体系，确定中国南方电网有限责任公司物联网应用的建设原则以及技术路线。同时，明确物联网技术应用的范围，构建包括标准规范、组织结构、人才队伍等在内的物联网管理体系。

2019 年 5 月，中国南方电网有限责任公司印发了《公司数字化转型和数字南网建设行动方案（2019 年版）》，提出了"4321"建设方案，即建设电网管理平台、客户服务平台、调度运行平台、企业级运营管控平台四大业务平台，建设南网云平台、数字电网和物联网三大基础平台，实现与国家工业互联网、数字政府及粤港澳大湾区利益相关方的两个对接，建设完善公司统一的数据中心，最终实现"电网状态全感知、企业管理全在线、运营数据全管控、客户服务全新体验、能源发展合作共赢"的"数字南网"。数字终端、传感器通过通信网络、数字处理平台形成可供信息系统使用的数据资源是数字化的基础，电力传感在"数字南网"建设中扮演着不可或缺的作用。

中国南方电网有限责任公司董事长 2019 年 10 月在"数字南网助力粤港澳大湾区发展论坛"上宣布，在 2019—2020 年投入百亿元建设"数字南网"，其建设将给电力传感产业带来上亿元的市场份额。

第 3 章

低功耗无线传感网技术综述

无线传感网是一种由很多分布在不同空间的节点以自组织方式构成的无线网络。它集成有传感器、数据处理单元和通信模块，并且综合了多种技术，如分布式信息处理技术、嵌入式技术、传感器技术以及无线通信技术，这些技术综合起来具备的功能为：实时感知、监测和采集网络区域内的所需的信息，如各种环境或者监测对象的信息，并将这些采集到的信息进行分析和处理，将信息传送给需要的用户。它具有低功耗、低成本、分布式和自组织的特点。目前，主流的低功耗无线传感网技术包括低功耗的局域网技术和广域网技术，低功耗局域网核心技术包括紫峰协议（ZigBee）、低功耗蓝牙（Bluetooth Low Energy，BLE）、WiFi、面向工业过程自动化的工业无线网络标准技术等；低功耗广域网无线通信技术包括远距离无线电、专有的窄带低功耗 WAN 技术、窄带物联网、基于 LTE 演进的物联网技术（LTE enhanced MTO，eMTC）等。

3.1 网络层及高层协议

3.1.1 低功耗局域网部分

3.1.1.1 用电信息采集设备微功率无线通信协议

为了实现用户用电信息的采集、传输、汇聚和交互功能，用电信息采集设备微功率无线通信网络是由国家电网为主导制定的无线通信网络，通信链路相对稳定，并且位于网络中的子节点的位置相对固定，但国家无线电管理严格限制了该通信网络的发射功率，因而相应的覆盖范围有限。它由子节点和中心节点组成，子节点模块安装在采集器或者电表中，中心节点模块安装在集中器。子节点和子节点之间彼此不能直接进行通信，但子节点可以进行数据的转发；子节点与中心节点之间可以相互通信。

一个用电信息采集设备微功率无线通信网可以由一个中心节点和几百上千个子节点组成。通信模块中心节点挂载在集中器上，是整个采集系统的信息汇聚中心；通信模块子节点挂载在智能电表或采集器上。中心节点和子节点自动组建一个自组织网，中心节点也是整个网络的控制中心，负责管理整个网络的子节点。子节点负责将采集器上采集到的信息，通过其他子节点和中心节点组成的多跳无线网络，最终回传到中心节点。微功率无线通信网络架构如图 3-1 所示。

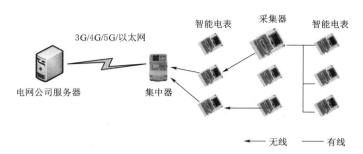

图 3-1 微功率无线通信网络架构

微功率无线自组织网络的网络拓扑结构有多种不同的形式，拓扑结构可以为树形网络、星形网络或者网状网络的任何一种，这些网络拓扑有着各自不同的特点，具体采用哪种网络拓扑，由中心节点确定。但是无论何种架构，子节点均能很好地适应该网络。

微功率无线自组织网络协议栈结构基于标准的开放式系统互联（Open System Interconnection Reference Model，OSI）七层模型，定义了应用层（Application Layer，APP）、网络层（Network Layer，NWK）、介质访问控制层（Media Access Control Layer，MAC）和物理层（Physical Layer，PHY）。本节重点介绍该协议栈的网络层和应用层。微功率无线通信系统协议栈框架如图 3-2 所示。

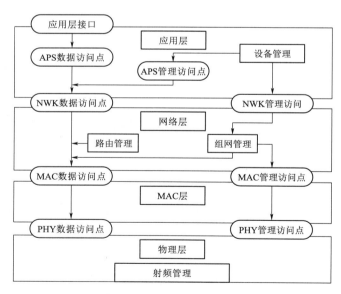

图 3-2 微功率无线通信系统协议栈框架

1. 应用层

应用层主要是实现用户数据的存储和呈现，一般会提供用户界面帮助操作人员查询、分析、导出用户用电数据，并且支持对用户用电历史数据进行分析，或者对未来地区用电数据进行预测。应用层由应用支持子层（Application Support Layer，APS）和设备管理模块组成。

应用支持子层职责包括：

（1）支持端到端的数据传输，确认和重传。

（2）支持应用层维护功能，包括配置指令、模块复位等。

设备管理模块职责包括：

（1）管理设备的配置信息。

（2）定义网络中设备的角色。

（3）定义网络设备应用接口。

应用支持子层通过一组通用的服务，该服务为制造商定义的应用对象和设备管理平台提供应用层和网络层之间的接口。这些服务通过管理服务和数据服务两个实体提供。APS数据实体（APS Data Entity，APSDE）通过其相关的服务访问点（Service AP，SAP）提供了数据传输服务。APS管理实体（APS Management Entity，APSME）通过其相关的SAP提供管理服务维护管理对象的数据库。应用层功能结构如图3-3所示。

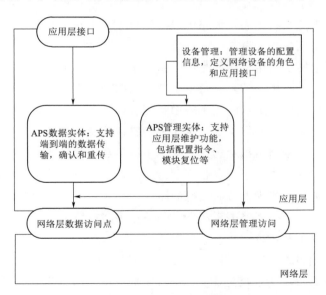

图3-3 应用层功能结构图

2. 网络层

网络层的主要功能是汇总当前小区域内的数据，从终端采集设备中获取数据，并且根据地区的划分和配置，汇聚一定范围内若干个终端采集设备中采集到的数据，进行整合和数据打包，之后将数据通过远程传输方式传输到后端数据中心。

所有的子节点必须提供以下功能：

（1）加入一个网络。

（2）重新加入一个网络。

中心节点必须提供以下另外的功能：

（1）建立一个新网络。

（2）允许子节点加入网络。

（3）维护网络中各子节点列表及邻居场强信息列表。

建立一个新网络，即组网，是由中心节点发起。网络层收到应用层下发的组网请求后，网络层首先请求 MAC 层在一个指定的信道组的各信道上执行一个能量检测扫描，以寻找可能的干扰，在收到对一个信道组的一个成功的能量检测扫描结果时，如果信道组内各信道的能量级别都超出可接受的级别，网络层将终止该程序，并通知上层。如果信道组可用的话，网络层会确定好组网的信标参数，之后启动一个定时器，进行组网信标的发送，子节点在收到中心节点发送的信标帧后，添加中心节点到邻居表，并判断是否已转发过本次信标，若已经转发过，中止本次处理，若没有的话再生信标帧并转发。中心节点在发送信标后，收到来自子节点的信标帧时，只需将发送信标帧的 MAC 层源地址添加进邻居表，中心节点定时器按时扫描结束，检查自己的邻居表，为空则中止扫描，邻居表不为空的话，则将接收到信标帧的场强信息记录下来，中心节点根据收集的场强信息为每个邻居场强表中的子节点建立路由表，该路由表的计算方法由从中心节点到该子节点的路径来确定。中心节点的组网过程如图 3-4 所示。

微功率无线通信协议路由采用的是源路由算法，全网各节点的邻居场强信息的搜集工作由中心节点进行，并且中心节点到每个子节点的路径由中心节点采用路径算法确定最佳路径，并将结果保存在中心节点的路由表中且配置给子节点，子节点进行相应的保存。

网络中所有传输的帧，网络层都携带完整的路由信息域，中间子节点收到帧后会检查帧中的路由信息域，根据路由指示选择下一个中继节点，填写 MAC 层的目的地址，完成数据包的中继转发过程。目的子节点收到下行帧后，在回复帧的时候将收到的下行帧中的路径信息进行路由翻转，作为上行回复帧的路由。如果是子节点发起的上行帧，则从子节点本地保存的路由表中，根据路由算法选择一条作为路径路由。

3.1.1.2 可信 WiFi（WAPI）

WAPI 是一项由我国首次单独推出的无线局域网（Wireless Local Area Network，WLAN）安全标准。WAPI 系统主要由三部分组成：第一部分为无线接入点（AP），第二部分为站点（Station，STA），第三部分为认证服务器（Authentication Server，AS）。AS 的主要功能是发放、验证以及吊销证书，证书是用来作为其数字身份的凭证，由认证服务器进行发放，且被安装在 STA 和 AP 上。WAPI 安全认证结构如图 3-5 所示。

WAPI 标准依照其在无线局域网中的功能分为无线局域网鉴别基础结构（WLAN Authentication Infrastructure，WAI）和无线局域网保密基础结构（WLAN Privacy Infrastructure，WPI）两个部分。WAI 是 WAPI 协议体系中关于实体身份鉴别和密钥管理的协议部分，它采用基于椭圆曲线的公钥证书体制负责对用户身份进行鉴别，国家商用密

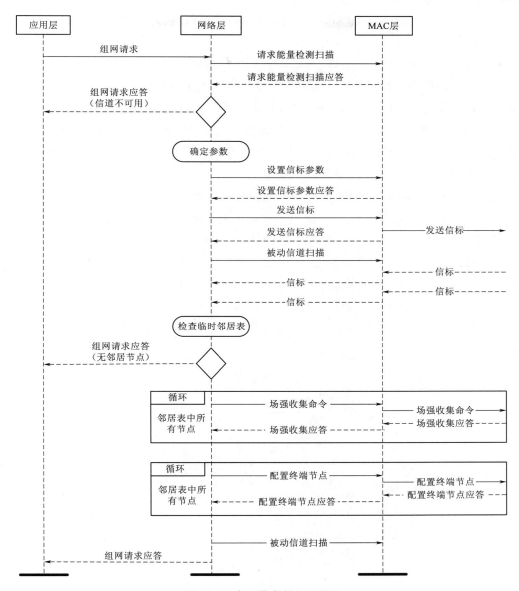

图 3-4　中心节点的组网过程

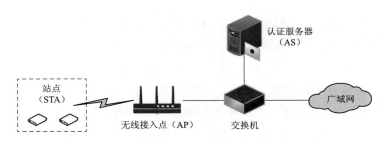

图 3-5　WAPI 安全认证结构

码管理委员会办公室提供的对称密码算法对传输数据进行加密和解密，对数据传输的安全进行充分保障。

WAI 采用的对称密码算法（Public Key infrastructure，PKI）双向身份鉴别机制，使用基于公钥密码体系的数字证书，能够对无线终端和无线接入点进行认证，该证书在管理方式上面简便灵活。WPI 用于保护传输过程中的通信数据，WPI 密码封装协议和算法构成了 WPI 的主要框架和核心内容。分组密码算法（Security Mechnism 4，SM4）的数据分组长度为 128 位，算法使用消息认证码：采用密码块链接消息鉴别编码（Cipher Block Chaining Message Authentication Code，CBC - MAC）对信息的完整性进行校验，用输出反馈（Output Feedback，OFB）方式进行信息保密方面的加解密。

WAPI 鉴别协议流程如图 3 - 6 所示，WAPI 网络协议在安全架构上采用三元对等方式。WAPI 包含的 STA、AP 和 AS 三部分各自身份独立，通过数字证书对其身份进行相应验证。通过不受控端口 STA 和 AP 能够进行相应的连接。首先，由 STA 发起接入鉴别请求；然后，AP 在收到该接入鉴别请求后，进行相应的转发；鉴别服务器 AS 在收到 AP 转发的请求，下发数字证书。AP 和 STA 收到该数字证书后分别进行解析和安装。若证书能通过验证，则启动加密通道，STA 接入网络。在通过密钥协商之后，开始数据通信过程。

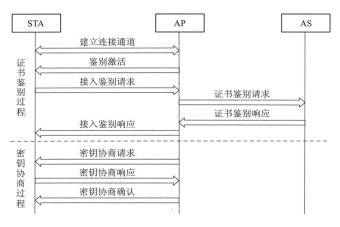

图 3 - 6　WAPI 鉴别协议流程

WAPI 通过可信的第三方来完成双向验证和会话控制，通信更具安全性。与现有的无线传感网安全体制相比，WAPI 主要有以下四点技术能力与特点的优越性：①在安全架构上，采用的是三元对等方式。AP 具有独立身份，用户端和 AP 能够互相鉴别彼此；②为杜绝不必要的麻烦，在一定程度上具备不让合法终端接入到非法网络的能力；同时，为保证接入终端的正确度和合法性，非授权终端将被网络拒绝接入；③为数据链路层提供友好、安全防护密钥的动态协商，为该层数据通信带来完整性、机密性等优势；④集中管理身份，保障和管控无线传感网。

综上所述,与 WiFi 技术的二元实体鉴别和 AES 加密算法相比,WAPI 的三元实体鉴别机制和 SM4 加密算法更安全可靠。近年来电力网络安全形势日趋严峻,全球多国电力系统遭网络攻击,导致敏感数据被泄露,同时引发全国大面积停电;因而为使电力系统安全接入,我国没有直接使用国外标准的 WiFi 技术。为保障智能电网数字化实现快速转型升级,以及满足电力物联网各式各样的业务对于无线通信日益增长的需求,故而,采用 WAPI 无线传感网络安全保障方案,对网络中的无线设备进行管理和监控,在很大程度上保障了各式各样接入业务的运行安全。

此外,随着智能电网建设的不断推进,低功耗无线传感网的应用场景随之增多。如变电站内无线终端接入需求增加,急需建设安全、可靠的无线传感网解决变电站"最后一公里"的无线终端接入问题,以便承载Ⅲ区、Ⅳ区业务,包括安监执法仪、移动作业、新型物联网类业务等。设计以 WAPI 技术为核心的无线传感网安全认证体系和网络安全方案,可以有效打通智慧电网"最后一公里"通信通道,使通信网络更加便捷安全,为智能电网的实现和改造提供坚实有力的保证和基础。

3.1.1.3　蓝牙

蓝牙是一种无线个人局域网(Wireless PAN)标准,它的协议分为四个层次:物理层(Physical Layer)、逻辑层(Logical Layer)、L2CAP Layer 和应用层(APP Layer)。

链路管理协议(LMP)负责蓝牙各设备间连接的建立和设置。LMP 通过连接的发起,交换和核实进行身份验证和加密,通过协商确定基带数据分组大小;还控制无线设备的节能模式和工作周期,以及网络内设备单元的连接状态。

逻辑链路控制和适配协议(L2CAP)是基带的上层协议,可以认为 L2CAP 与 LMP 并行工作。L2CAP 与 LMP 的区别在于当业务数据不经过 LMP 时,L2CAP 为上层提供服务。

那些位于蓝牙协议堆栈之上的应用软件和其中所涉及的通信协议,包括开发驱动各种诸如拨号上网和通信等功能的蓝牙应用程序。蓝牙规范提供了传输层及中介层定义和应用框架,在传输层及中介层之上,不同种类的蓝牙设备必须采用统一符合蓝牙规范的形式;而在应用层面上,完全由开发人员自主实现。事实上,许多传统的设备应用都可以几乎不用修改就在蓝牙协议堆栈之上进行运行。

3.1.1.4　ZigBee

ZigBee 是一种低功耗局域网标准,它的协议基于 IEEE 802.15.4 标准,在此基础上 ZigBee 联盟又重新规定了网络层、传输层和应用层,形成了 ZigBee 的协议。ZigBee 通过规定三种设备类型(Coordinator、Relay 和 End device)实现多跳协议。ZigBee 的工作频段为 2.4GHz(全球范围内)、868MHz(欧洲范围内)、915MHz(美国范围内)三个频段上的免授权频段,对应的最高速率分别为 250kbit/s、20kbit/s,以及 40kbit/s,传输距离在 10~75m。

ZigBee 采用 AES 加密算法,加密传输数据,在发送端对将要发送的数据进行重组,重组成 128 位的数据块,然后进行加密,生成一个随机码和一个 128 位数据包,接收端收到数据后，对 128 位数据包进行解密，生成一个随机码和解密数据，用该随机码和接收到的随机码进行比较，即可以判断数据的合法性。

3.1.1.5 WIA-PA

WIA-PA 是由我国科研机构、高校等多家单位联合制定的标准，于 2006 年开始并最终于 2011 年正式发布，具有自主产权。WIA-PA 的网络体系结构符合 OSI 模型，包括物理层、数据链路层、网络层和应用层这四层结构。其中，物理层和数据链路层采用了 IEEE 802.15.4 的协议，并定义了网络层和应用层。

WIA-PA 协议的网络层的功能为解析网络地址，完成路由功能。该层由数据服务实体和管理服务实体共同组成，采用静态路由的方式，若网络中有新的节点设备加入的话，则需增加路由设备的路由表和网关，如果路由设备或网关有数据需要发送时，通过路由 ID 获得路由表信息中该路径的源地址、下一跳地址和目的地址，完成数据的发送。

WIA-PA 协议的应用层的功能为向用户提供具有网络功能的应用。该层由用户应用进程（User Application Process，UAP）和应用子层（Application Sub Layer，ASL）两部分共同构成。应用子层提供聚合/解聚功能，支持数据在该子层进行汇聚，为不同的接口提供不同的应用需求，并设置不同的帧格式。

3.1.2 低功耗广域网部分

3.1.2.1 输变电设备微功率无线通信标准

输变电设备微功率无线通信标准是由国家电网主导制定的电力行业信息采集通信标准，可以应用于各种复杂的场景，包括城市、楼宇、乡村、街道、输变电站等电力信息采集场景。输变电设备物联网传感终端以微功率无线通信的方式接入到汇聚节点，汇聚节点接入到接入节点，从而构建起由接入节点、多个汇聚节点和传感终端所组成的数据传输业务承载网络，如图 3-7 所示。

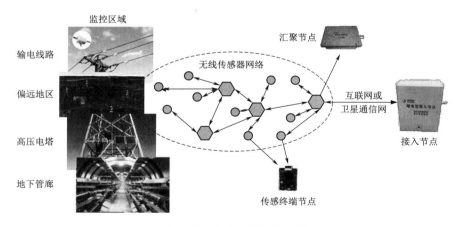

图 3-7 微功率无线通信网

微功率无线网通信标准遵循通用分层结构，定义分层结构为 3 层模型，其架构如图 3-8 所示：①最顶层为网络层（Network Layer，NWK），用于端到端的包传输；②中间层为媒体接入控制层，向网络层提供服务，用于处理逻辑链路的连接和控制问题，支持从设备的接入和调度；③最底层为物理层（Physical Layer，PL），可支持多种物理层形态，可以在 IEEE 802.15.4 物理层和基于 Chirp 的扩频（Chirp Spread Spectrum，CSS）物理层中选择一种。

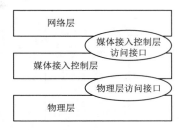

图 3-8　微功率无线网
通信协议架构

网络层定义了网络拓扑建立过程，端到端的数据传输格式，以及路由过程。输变电设备物联网感知层网络支持树形网络拓扑和多跳网络拓扑。采用树形网络拓扑时，传感器、汇聚节点和接入节点通过给定信道的上行链路和下行链路进行连接，如图 3-9（a）所示。采用多跳网络拓扑时，网络中部分汇聚节点作为中继节点，有效地将相距较远的汇聚节点或者传感器和接入节点相连，完成可靠的通信传输，多跳网络拓扑结构如图 3-9（b）所示。汇聚节点和传感终端的网络配置为星形网络模型，即一个汇聚节点可与多个传感终端相连。

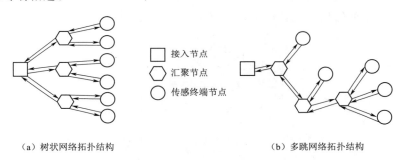

□ 接入节点
⬡ 汇聚节点
○ 传感终端节点

（a）树状网络拓扑结构　　　　（b）多跳网络拓扑结构

图 3-9　网络拓扑结构

网络层拓扑建立如图 3-10 所示。节点组网采用的拓扑结构为树形拓扑（或多跳拓扑），由接入节点发起，逐步扩散到所有节点，直到所有节点设备完成局域组网。传感终端可以预先调度（无需随机接入，在指定帧序号和时隙位置可上行通信），也可以通过随机接入完成随机竞争、注册的过程。

在网络层中，数据传输为端到端的包传输，通过不同的网络层指令，完成下属设备注册请求应答，节点下属拓扑变化、设备状态及通道状态上报，节点下属节点/传感器路由表下发，配置/查询传感器参数，查询节点设备和通道状态信息等数据传输过程。此外，从设备可以通过接收主设备下发广播信息来解析上行调度信息，获取与主设备的时间同步。

网络层路由过程可分为上行路由和下行路由，路由过程如图 3-11 所示。由于网络拓扑是树形拓扑（或多跳拓扑结构），所以每个设备（除接入节点）都可以找到其归属的主设备，逐级完成上行数据传递。下行路由过程中，接入节点寻址到（与目的传感器对应的）最后一级汇聚节点，汇聚节点将数据下发给对应的传感器。此外，路由过程中可以进行路由地址更新，包括静态路由地址和动态路由地址更新。静态路由地址更新由接入节点

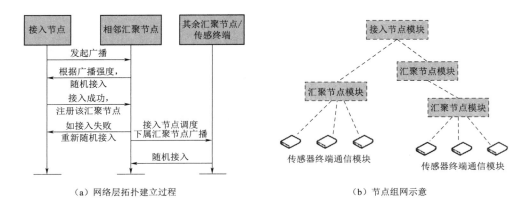

（a）网络层拓扑建立过程　　　　　　　　　　（b）节点组网示意

图 3-10 网络层拓扑建立

发起，将其本地存储的节点路由表（节点组网）或传感器路由表（可以是增量更新）发送给对应的汇聚节点。动态路由地址更新由汇聚节点发起，将其下属节点或下属传感器的拓扑信息（或拓扑变更信息）发送给接入节点。

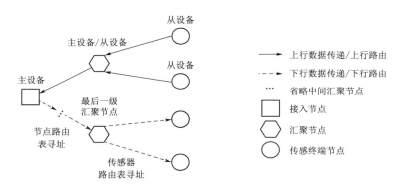

图 3-11 网络层路由过程

3.1.2.2　LoRa

LoRa 是一项融合了数字扩频、数字信号处理和前向纠错编码等技术的无线通信标准，实现了低功耗和远距离的统一。LoRa 主要运行在全球免费频段上（非授权频段），包括 433MHz、868MHz、915MHz 等。LoRa 网络主要由内置 LoRa 模块的终端、网关（或称基站）、服务器和云端四部分组成，其应用数据可进行双向传输。通过标准 IP 连接网关与服务器，终端设备采用单跳与一个或多个网关通信。

LoRaWAN 在标准协议中进行了一些规定，协议中 LoRaWAN 既能支持协议的完整性，从源头上进行相应的认证以及重发保护 MAC 架构的功能，同时，还能支持加密 MAC 指令，也能支持对于终端设备和设备之间应用服务器以及应用载荷的端对端加密。这些依赖于 128 位的密钥算法以及高级加密标准（Advanced Encryption Standard，AES）。为了进一步提高 LoRa 无线通信技术的安全性，用一个 64 位全球唯一识别的扩展唯一标识符（Extended Unique Identifier，EUI）对每个 LoRa 终端设备进行标识，该标识符是由设备制造商分配的。而分配者的权限的授予者为 IEEE 相关的登记机构。服务器由一个全球唯一识别的 64 位 EUI 标识符来标识，该标识符则由负责管理终端验证的连接服务器的所有者分配。由 LoRa 联盟分配的 24 位全球唯一的标识符对于开放网络中漫游的私有 LoRaWAN 网络进行标识。一个终端设备一旦成功入网，则会从网络服务器获得一个 32 位的暂时设备地址。

3.1.2.3 WIoTa

WIoTa 是由御芯微研发的一种中国自主产权的 LPWAN 通信标准，具有低功耗、大连接、低成本等优势。WIoTa 的高层协议主要包括网络控制层（NCL）和管理控制层（MCL）。NCL 完成网络相关的管理和控制以及对网络数据的完整性保护和按需求的加密，MCL 则完成用户的管理和控制，如睡眠管理、发送功率管理、接入管理、测量管理等功能。

WIoTa 协议支持极强的通信保密需求，包括 PUF 物理不可克隆的密钥管理机制以及 AES128 数据和代码加密引擎。加密引擎提供 PUF、AES 以及密钥管理功能。密钥在 IoTE（IoT 的终端设备）中不可读取，不可通过芯片克隆来复制。IoTE 与系统可以利用该密钥完成双向认证，数据加密密钥的动态更新。AP（接入点）也可以在网络第一级将恶意终端排除掉，降低 DDOS 的危害。

3.1.2.4 ZETA

ZETA 是由纵行科技自主研发的国产低功耗物联网通信标准，也是全球首个支持"Mesh 自组网"的 LPWAN 物联网通信标准。ZETA 高层协议仅包括 OSI 参考模型中的网络层，与物理层和数据链路层协议一起实现了 ZETA 网络中各个节点的通信编码、入网控制、设备鉴权、QoS 保障、安全加密等功能。

ZETA 设计了三套协议以应对复杂的应用场景需求。

（1）ZETA-P：低时延，主要面向业务流量不大的局域网场景。ZETA-P 协议具有载波侦听、入网时归属校验、网络自愈以及 OTA 等功能。此外，基于随机传输的特点，ZETA-P 协议支持多达 50B 的应用层数据传输。

（2）ZETA-S：时频复用，主要面向业务流量较大的城域网场景。ZETA-S 采用分时隙和分频点的方式来管理空口资源。ZETA-S 协议也具有载波侦听、入网时归属校验、网络自愈等功能。然而，ZETA-S 协议的单次数据传输都是在一个时隙内完成的，所以在时隙长度为 900ms 时，仅支持 8B 的应用层数据。

（3）ZETA-G：协议精简，成本极低，主要面向对成本敏感、有较大连接量场景。按照应用场景需求精简协议，大大降低硬件成本，让更多的"物"能够低成本联网。

ZETA 协议可以从多层次上保障 ZETA 网络的安全。首先，为避免非 ZETA 终端接入网络，需进行接入鉴权。其次，ZETA 协议选用轻量级加密算法 Keeloq 对报文数据域进行加密，采用 Keeloq 和 AES128 对无线通信以及外部访问的数据接口进行组合加密，确保网络整体的安全性。

3.1.2.5 NB-IoT

NB-IoT 技术直到 2015 年才在 3GPP 会议上正式确定发布。NB-IoT 由 NB-CIoT 和 NB-LTE 两项技术组合而来。事实上，NB-IoT 的无线网络架构和 LTE 基本相同，在 LTE 网络的基础上做了一些简化和改进，使得带宽、成本和功耗都有了进一步的减少。NB-IoT 技术打破了蜂窝式通信技术和物联网之间的壁垒，能够满足蜂窝式物联网的应用需求。NB-IoT 在授权频段组网，主要频段为 800MHz 和 900MHz，有独立、保护带和带内部署三种部署方式。

NB-IoT 的网络层及高层协议基本沿用了 LTE 标准，增强了部分特性，譬如广覆盖、大连接和低功耗等。NB-IoT 的网络层很少自己建设，一般采用运营商的基础网络。网络层主要包括网络管理平台和云平台，负责接入控制、信令和数据传输等。NB-IoT 的应用层为业务处理平台，主要负责收集、整合和处理来自终端设备的数据信息，控制终端设备的运行状态。应用层一般还会维持管控系统界面，提供人机交互功能，供用户查询终端状态信息，查看终端数据信息整合情况等。

3.1.2.6 Sigfox

Sigfox 是 LPWAN 技术的一种。2010 年提出之后，开始应用于物联网中。Sigfox 基于超窄带（Ultra Narrow Band，UNB）调制方式，常采用 192 kHz 的频谱带宽传输数据。Sigfox 工作频段为 902MHz 或 868MHz。每一条信息占据 100Hz 带宽。窄带技术使 Sigfox 技术可以远距离通信，受到噪声的干扰较小。同时，其数据传输速率不高，根据地理位置的不同，速率在 100bit/s 或 600bit/s。

Sigfox 是产业公司自行建设的网络，与现在通用的移动网络相对独立。主要面向低功耗且低吞吐量的物联网应用业务，其应用层可以支持不同种类的业务，构建了多种接口协议，使得 WAN 和服务器之间支持相同的接口。Sigfox 的网络拓扑具有可扩展性，可接入设备的容量也较高。具有容易部署、消耗能源较少等优势。

3.2 低功耗无线通信物理层协议

3.2.1 低功耗局域网部分

3.2.1.1 IoT WiFi

WiFi 是一项基于 IEEE 802.11 标准发展的具有带宽容量大、部署灵活和维护方便等优势的无线局域网通信标准体系，可在各种智能平台、自动化设施和移动终端之间构筑高速无线通信链路和灵活网络拓扑结构。WiFi 适用于 IoT 场景，是当前主流工业无线通信技术体系的重要组成部分。

从 1997 年开始 IEEE 针对无线局域网开始技术标准化，其发布的第一代 WiFi 标准为 IEEE 802.11，该标准的工作频段和峰值数据传输速率分别为 2.4GHz 和 2Mbit/s，单信道带宽为 20MHz。该标准具有实验性质，并未投入商用，但其确定了 IEEE 802.11 簇系列标准的基本技术特征，如半双工传输等。1999 年，IEEE 在第一代 WiFi 标准的基础上制定了第二代 WiFi 标准 IEEE 802.11b。该标准工作频段依旧为 2.4GHz，引入补码键控（Complementary Code Keying，CCK）调制方式、直接序列扩频（Direct Sequence Spread Spectrum，DSSS），提高了数据传输速率峰值，由 2Mbit/s 提高到 11Mbit/s。2002 年，IEEE 正式发布第三代 WiFi 标准，即 IEEE 802.11a 标准。该标准为提升信道传输容量，工作在 5GHz 频段，引入了正交频分复用（Orthogonal Frequency Division Multiplexing，OFDM）技术，对应的峰值传输速率提升至 54Mbit/s。2009 年，IEEE 在多天线技术基础上制定了第四代 WiFi 技术标准 IEEE 802.11n。该标准在原有技术基础上融合了新的技术：波束成形与多输入多输出（Multiple - Input Multiple - Output，MIMO），单信道带宽提高到 40MHz，峰值数据传输速率相比之前得到了极大提升，可以达到 600Mbit/s。2013 年，IEEE 发布了第五代 WiFi 技术标准 IEEE 802.11ac。该标准拓宽了单信道的带宽，拓宽至 80MHz 和 160MHz，在 5GHz 下行信道上进行了部署工作，部署了多用户多输入多输出（Multiple - User Multiple - Input Multiple - Output，MU - MIMO），可支持 8 个空间流同时独立运行，峰值数据传输速率可达 6.9Gbit/s。IEEE 于 2019 年发布了第六代标准，即 WiFi 标准协议 IEEE 802.11ax，其同时支持 2.4GHz 和 5GHz 的工作频段，并且最高传输速率能够达到 9.6Gbit/s。经过 WiFi 技术认证联盟后，重新命名了不同的标准，WiFi 6 是和基于 IEEE 802.11ax 技术标准一一对应，WiFi 5 则对应基于 802.11ac 标准，WiFi 4 对应基于 802.11n 之前的标准，见表 3-1。

表 3-1　　　　　　　　　　　　WiFi 技术标准演进分代表

WiFi 分代	WiFi 3	WiFi 4	WiFi 5	WiFi 6
峰值速率	54Mbit/s	600Mbit/s	1.3Gbit/s/6.9Gbit/s	9.6Gbit/s
协议标准	IEEE 802.11a/b/g	IEEE 802.11a/b/g/n	IEEE 802.11a/b/g/n/ac	IEEE 802.11ax
代表技术	OFDM	MIMO	MU - MIMO	OFDMA/1024QAM
发布时间	1997—2003 年	2009 年	2014 年	2019 年

　　WiFi 6 采用的 IEEE 802.11ax 标准，在设计时针对高密度无线接入和高容量无线业务的业务场景进行了优化。WiFi 6 标准采用和改进了多种关键技术，包括正交频分多址（Orthogonal Frequency Division Multiple Access，OFDMA）、MU - MIMO，高阶段正交幅度调制（1024 - QAM）、休眠机制等。该标准较之前的传统 WiFi 协议而言，在实现了更高传输速率的同时实现了更大系统容量和更优传输质量，其休眠机制能降低传输能耗；MU - MIMO 技术采用了多路复用技术，使得 WiFi 具备并行传输的能力，能够提升带宽效率，使得单用户的有效带宽得到提高，在很大程度上改善和解决网络拥挤和堵塞的情况；1024 - QAM 调制方式在增强信道传输速率的同时，提高抗干扰性能和频谱使用效率。

　　与 WiFi 6 相比较，WiFi 7 进一步引入了 320MHz 带宽、4096 - QAM、多链路操作、Multi - RU、增强 MU - MIMO、多 AP 协作等技术，并且将提供更低的时延和更高的数据传输速率。WiFi 7 预计可以支持高达 30Gbit/s 的网络传输速率，同时还实现了更低的延迟和终端功耗，并增强在资源分配上的弹性。

3.2.1.2 蓝牙

蓝牙属于常见的无线局域网通信标准体系。蓝牙的原始设计概念定位于 RS-232 有线通信协议的无线替代版本。IEEE 命名为 IEEE 802.15.1，规划在 2.4~2.485GHz 频段进行互联通信。其原始设计版本可在无线局域网中的便携设备、固定设备和移动设备之间进行近距离低速率数据交换。

蓝牙的初始版本 1.0 由蓝牙技术联盟（Bluetooth Special Interest Group，SIG）于 1999 年发布，定义了单工模式下的数据交互功能。蓝牙 1.1 版本中明确规定了实际操作流程，实现了 748~810kbit/s 的数据传输速率。蓝牙 1.2 版本引入了采用适应性跳频（Adaptive Frequency Hopping，AFH）技术，降低蓝牙与其他无线协议之间所产生的同频干扰问题。蓝牙 2.0 版本的数据传输速率比蓝牙 1.2 版本高 3 倍。蓝牙 3.0 版本的峰值速度可达 24Mbit/s，该版本引入交替射频控制技术（Generic Alternate MAC/PHY，AMP），可根据情况做出射频类型的正确选择，可在多个具有高速率的通信协议间进行高速切换。蓝牙 4.0 版本技术协议包括传统蓝牙技术、高速蓝牙技术和蓝牙 4.0 新增的低能耗蓝牙技术在内的三个子协议规范。传统蓝牙技术是基于蓝牙 2.0 版本，高速蓝牙技术是基于蓝牙 3.0 版本，在低功耗蓝牙技术模式下峰值数据传输速度仍然为 24Mbit/s，但功耗和蓝牙 3.0 版本相比较降低了 90%。低功耗蓝牙使得蓝牙技术在 IoT 场景中具备独特的使用价值。蓝牙 4.1 版本中进一步优化了蓝牙与 LTE 设备的频谱共享问题，蓝牙 4.2 版本中扩展了通过 IPv6 和 6LoWPAN 接入互联网的能力。虽然蓝牙 4.X 版本在异构接入能力、传输速度和能耗控制上已取得一定的平衡，但这些性能指标与 IoT 场景中的其他无线局域网通信标准相比优势并不突出。更为重要的是，蓝牙 4.X 版本仍然只局限于支持点对点数据传输而缺乏必要的组网通信功能，这项缺陷严重影响了蓝牙标准体系在包括 IoT 在内的多种具有密集组网需求的业务领域进一步发展。SIG 于 2016 年发布的蓝牙 5.0 版本解决了这个问题。蓝牙 5.0 版本继承了蓝牙 4.2 版本的基本任务框架，由经典蓝牙、高速蓝牙和低功耗蓝牙这三种不同的子协议标准构成。但蓝牙 5.0 版本针对低功耗蓝牙进行了性能优化，更为重要的是，蓝牙 5.0 版本开始支持 Mesh 网络。

蓝牙 Mesh 是一种典型的多对多的网状拓扑结构网络，一个独立的蓝牙 Mesh 网络可以支持的节点多达上万个。蓝牙 Mesh 通过一种可控的"网络泛洪"（Flooding）的方式进行信息转发，意味着可以通过多重路径到达目的地。蓝牙 Mesh 网络通过解析设备发送的心跳消息，确定现有的网络拓扑结构。从而可为部署方案设置一个避免冗余的中继操作的最佳 TTL。为了支持该组网功能，蓝牙 Mesh 网络引入了全新的协议栈，这一协议栈以低功耗蓝牙协议为基础，添加了其他七层特殊的协议层，具备数据加解密、数据包转发以及数据包的分片与重组等功能，如图 3-12 所示。

在 IoT 通信领域，蓝牙 5.0 版本因其独特的低功耗蓝牙 BLE 技术，已经逐渐发展为领域内领先的通信标准之一。蓝牙 5.0 针对 IoT 行业做了优化，强化了以往在能耗和抗干扰特性方面的优势，解决了以往在传输距离和传输连接方式上的弊端，新的技术点将会使得蓝牙在 IoT 领域得到更加广泛的应用。但蓝牙 5.0 相比其他低功耗局域网技术仍然不具备绝对的优势，它的峰值数据传输速率只能达到 24Mbit/s，低功耗蓝牙 BLE 的峰值数据传输速率仅能达到 3Mbit/s。因此当 IoT 场景中有数据密集型传输需求时，蓝牙 5.0 仍无法实现单独部署，需与 WiFi 等具有更高传输带宽的协议进行协同。

模型层
基础模型层
访问层
上层传输层
下层传输层
网络层
承载层
低功耗蓝牙核心规范

图 3-12　蓝牙 5.0 版本中定义的蓝牙 Mesh 协议栈

3.2.1.3　ZigBee

ZigBee 是一种应用于短距离和低速率下的无线通信标准，它基于 IEEE 802.15.4 技术标准，它的协议层中的介质访问控制层（Media Access Control Layer，MAC）层和物理层（Physical Layer，PHY）的标准化工作者是 IEEE 802.15 工作组，其主要为用户附近 10m 的固定或者移动空间范围的个人操作空间（Personal Operation Space，POS）内彼此通信的无线通信设备提供相应的通信标准。因此该网络是一种结构简单、成本低廉的无线通信网络，但要求确保传输的可靠性。

为了保障传输的可靠性，IEEE 802.15.4 协议制定了 PHY 和 MAC 层协议给该类网络，该协议有如下特点：

（1）能够根据不同的载波频率，实现 20kbit/s、40kbit/s，以及 250kbit/s 这三种不同的传输速率。

（2）能灵活支持点对点、星形、树形、网状网等网络拓扑结构。

（3）有两种地址格式，分别为 16 位和 64 位，其中 64 位地址是全球唯一的扩展地址。

（4）载波多路侦听技术（Carrier Sense Multiple Access with Collision Avoidance，CSMA-CA）能够支持冲突避免。

（5）通过支持确认机制（Acknowledgement，ACK）以确保传输可靠性。

ZigBee 网络的 PHY 和 MAC 采用的是 ZigBee 联盟选取的 IEEE 802.15.4 标准，并在 PHY 和 MAC 的基础之上发布了数据链路子层（Data Link Layer，DLL）、网络层（NWK）、应用支持子层（APS）以及应用编程接口（Application Interface，API）规范，如图 3-13 所示。物理层包括底部控制装置和射频（Radio Frequency，RF）收发装置，提供包括频率选择、信道、调制等在内的基本物理无线通信能力。介质访问控制层为上层提供接入到通信信道的设备到设备入口、单跳设备间的可靠传输。网络层主要负责网络管理以及网络设备间的消息路由等。应用支持子层负责网络层与应用层消息格式转换以及多个应用之间逻辑路径通信，与 OSI 参考模型的传输层类似。ZigBee 规范已经提供了网络管理应用接口和应用框架，提供这些接口给 ZigBee 应用开发

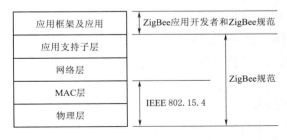

图 3-13　ZigBee 规范结构示意图

者进行开发。

在网络容量方面，ZigBee 主要包括短地址以及扩展地址两种网络地址类型：扩展地址也被称作 IEEE 地址、MAC 地址。ZigBee 网络中，可直接被用于设备点对点通信的扩展地址由网络设备生产商固化到设备，该地址为全球唯一 64 位。短地址用于标识本地网络中的节点设备，又称网络地址。设备加入网络后，ZigBee 网络分配一个网络范围内唯一的 16 位地址给新加入的设备。理论上，ZigBee 传感器网络最多能够包含的网络设备为 2^{16} 个。设备将会采用 16 位网络的短地址完成数据通信。

在组网的灵活性方面，为了方便网络的动态扩充，IEEE 802.15.4 将节点分为完整功能设备（Full Functional Device，FFD）和简化功能设备（Reduced Function Device，RFD）两类。RFD 功耗低、内存较小、功能简单，能够实现简单的计算和处理，但是它搭载的协议栈不够完整，不具备路由以及转发的能力，只能够收发信号。而 FFD 则搭载了完整的 IEEE 802.15.4，MAC 层服务具备完整的路由转发和数据处理功能，其内存空间大、计算能力强，便于管理相关信息。基于以上概念，ZigBee 将设备分为网络协调器、路由器和终端设备三类。一个完整的 ZigBee 网络通常由一个协调器节点、若干个路由器节点和终端设备三部分构成，如图 3-14 所示。

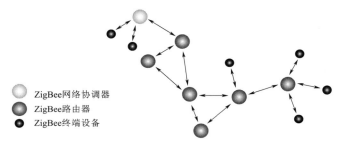

图 3-14 ZigBee 网络结构示意图

（1）协调器。在一个 ZigBee 网络中，至少有一个主控网络的 FFD 作为网络的协调器。协调器负责初始化和搭建 ZigBee 网络，通过扫描周围信道，从扫描到的信道中选择能量值水平高的信道作为备选信道，再选择出节点较少信道建立新网络，并设置新网络的个域网 ID（Personal Area Network ID，PANID）以及网络参数，设置允许加入网络的节点。在协调器组网之后，可以把协调器节点当做一般路由器使用。协调器节点用来主控整个网络，因此需要稳定供电，且不能休眠。

（2）路由器。在整个 ZigBee 网络中，路由器一般处在中间位置，主要负责节点通信时的路由发现和路由选择，提供最合适的路径给数据传输选择。路由器节点允许终端设备或者另一个路由器节点入网。

（3）终端设备。终端设备一般处于网络的末尾，被部署在网络的最边缘，它的主要功能是负责进行数据采集和发送，可以休眠来节省能量。

在这个基础之上，ZigBee 可组成传感器网络，其网络拓扑结构如图 3-15 所示，

ZigBee 传感网络支持星形、树形以及网状三种传感器网络拓扑类型。星形网络由一个网络协调器设备节点以及一或多个终端节点网络设备组成。在星形网络中，需通过 ZigBee 网络的协调器进行数据转发，转发到欲进行通信的终端节点设备，以进行所有终端设备的通信。星形网络一般应用于智慧医疗、智能家居和 PC 机的外部设备等小规模室内场景。树形网络由一个 ZigBee 网络协调器和一或多个星形网络组成。终端设备可以选择加入 ZigBee 网络的协调器或者路由器，能够与自己的父设备或子设备直接通信，但只能依靠树形网络父子逻辑结构进行路由组织来与其他设备的通信。网状网络和树形网络类似，但与树形网络最大的区别是在网状网络中，任意两个路由器能够通过路由发现来实现直接通信。具有路由功能的节点设备根据中继路由节点的路由表条目寻找下一条网络地址，不必沿树进行路由，将消息发送给其他路由节点。网状网络能够减少网络间数据包的传输时延，会增强网络数据传输的可靠性，但存在的缺点就是需要消耗更多传感器节点稀缺的存储资源。网状网络是一种多跳、多路径、可修复的网络。

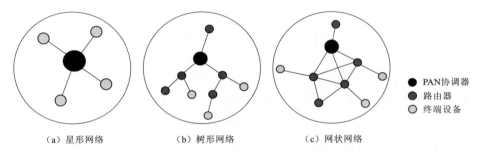

（a）星形网络　　　　（b）树形网络　　　　（c）网状网络

● PAN协调器
● 路由器
○ 终端设备

图 3-15　ZigBee 拓扑结构

3.2.2　低功耗广域网部分

　　LPWAN 是一种可以用低比特率进行长距离通信的无线网络。LPWAN 具有两个主要特点：相比其他技术来说电池使用寿命长，整体覆盖范围广。它能在数据速率影响不大的情况下，提供最长距离的覆盖范围，且其功耗却极小。LPWAN 技术具有一些共同的特性以满足物联网应用的要求，如高密度性、可靠性、低成本、出色的续航能力以及最大覆盖范围。其中各特性的表现为：

　　（1）高密度性：具备支持大量连接装置的能力。

　　（2）可靠性：提供 10 年或更长的运作时间，一旦服务发生中断，可以无需人力介入，便能自行恢复运作。

　　（3）低成本：模块单价不到 5 美元。

　　（4）出色的电池续航能力：寿命能够长达 10 年以上。

　　（5）最大覆盖范围：覆盖距离远，可覆盖难以到达、或者地处偏远的区域等。

　　LPWAN 电力物联网示意如图 3-16 所示。

　　LPWAN 按照工作频谱主要分为工作在授权频谱的窄带物联网（Narrow Band Internet of Things，NB-IoT）、WIoTa 等技术和工作于未授权频谱的 Sigfox、LoRa、

ZETA 等技术的两类。在国际化产业推进过程中，LoRa 的研究和应用较为广泛。

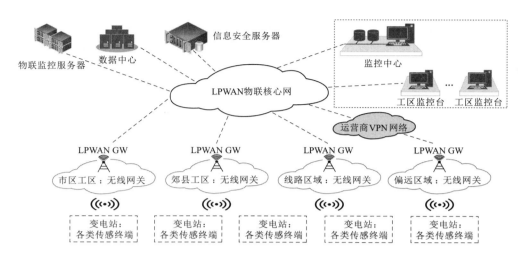

图 3-16 LPWAN 电力物联网示意图

3.2.2.1 LoRa

LoRa 由美国升特公司发布，是一种无线通信标准体系。LoRaWAN 主要是一个以 LoRa 联盟开发和认证的 LoRa 技术为基础所建立媒体访问控制（MAC）层协议。LoRa 可以灵活组网，并且允许组网过程放弃 LoRaWAN 而完全采用私有协议甚至进行数据透传，为应用提供极高的灵活性。Chirp 扩频调制技术是 LoRa 的核心，该技术保持了频移键控调制的低功耗特性，能够有效增加通信距离。与此同时，由于 LoRa 采用的扩频技术能够大大加强信号的抗多径、抗衰落能力，因此 LoRa 对发射功率的要求较低。LoRa 的优点较为突出，主要表现在以下几点：①适用性好，数据速率可以从 300bit/s 到 24kbit/s 调节；②方便点对点通信或自组小网络，尤其适用的方案是组建一个少量节点或点对点传输的网络；③网络协议简单，一旦配置好双方的频点、确定收发时间，即可建立网络通信；④LoRaWAN 传输距离远，可以使用星形网，它相对于 Mesh 网更为简单，且减少了路由和中继，大大降低系统的功耗、通信延迟和成本。

LoRa 网络架构如图 3-17 所示，星形拓扑结构中，LoRaWAN 网关相当于一个透明的中继，用于连接图中无线传感终端设备和中央服务器。传感终端设备通过 LoRa 调制技术向一个或者多个网关发送信息，网关接收到信息之后，通过标准的 IP 连接发送至服务器，图中所有的设备均可以双向通信。

目前国内基于非授权频谱的硬件设备制造和低功耗广域网络均集中在 470~510MHz 频段上，LoRa 理论上可以使用 150~1000MHz 中的任一频率，但实际上 LoRa 芯片的使用有限制，并非所有的 1GHz 以下（sub Giga Hz，sub-GHz）频段都能使用，使用的免费频段包括 433MHz、868MHz、915MHz 等，无法有效地支持如 433MHz、780MHz 等

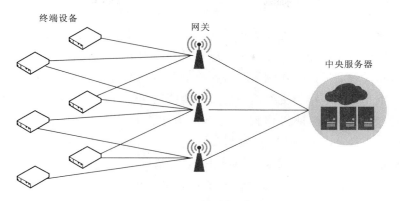

图 3-17 LoRa 网络架构

常用频段以外的频率。这就一定程度限制 LoRa 在未来几年里组建大网、搭建城域网、尤其是在公共事业服务领域的应用，同时也面临配电网中的应用困难。

3.2.2.2 WIoTa

WIoTa 是国内企业针对广域无线 IoT 通信需求自主开发的通信标准，其核心是针对大覆盖、低功耗、大量连接、低成本应用提供深度优化，可广泛部署在非授权频谱上。WIoTa 支持类似蜂窝通信的同步通信机制，终端通信可以由 AP 进行调度以避免信息自干扰，支持大容量接入需求的 IoT 通信场景并进行小区线性扩容。支持星形同步、星形异步、Mesh 异步、点对点异步、广播组播等多种组网和传输模式，可工作在 230MHz、470MHz 等 sub1G 的工作频段上。其典型的网络结构包括 IoT 终端设备、接入点、服务网关、网络接口服务器、中心管理数据库服务器等，其网络架构如图 3-18 所示。

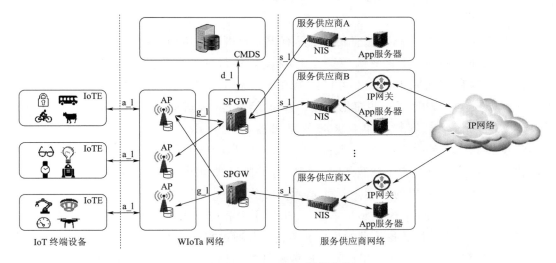

图 3-18 WIoTa 网络架构

3.2.2.3 ZETA

ZETA 是由国内企业研发的一种支持分布式组网的 LPWAN 通信标准。ZETA 是一种基于 UNB 的具有覆盖范围广、服务成本低、能耗低等特点的 LPWAN 技术协议标准，满足物联网环境下广域范围内连接成本低、数据交换频次低、适用复杂环境的连接需求。ZETA 网络架构适合快速布网，并克服了城市环境中高楼、金属设备、人工屏障的影响，大大拓宽了低功耗物联网的应用领域和潜在市场。ZETA 网络架构为典型的星形拓扑，为了降低落地成本和难度，能够更好地面向多种物联网场景，ZETA 网络除了支持典型的星形拓扑外，还支持另外三种工作模式，分别为多点接入、Mesh 自组网和混合组网。ZETA 技术的核心为 Advanced M 进制频移键控（M - Frequency Shift Keying，M - FSK）的无线通信基带技术，在物理层采用 M - FSK 的基础上，通过基带处理和定制帧结构，支持 100bit/s、300bit/s、600bit/s 的典型通信速率，而占用带宽低于 30kHz，可方便地部署在免授权频谱。ZETA 系统框图如图 3 - 19 所示。

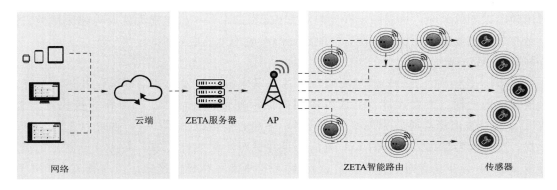

图 3 - 19　ZETA 系统框图

3.2.2.4　NB - IoT

　　NB - IoT 属于 LPWAN 标准之一，具有覆盖范围广、电池寿命长、可大量连接设备等优势。此外，NB - IoT 的有效带宽为 180kHz，使得基带复杂度降低。简化了 LTE 协议栈，芯片内存随之减少，成本可以控制在一个较低的范围内。NB - IoT 的物理层与 LTE 基本相同，只是做了一些简化处理，去掉了部分物理信道等。NB - IoT 一般具有两个子载波间隔。上行一般为单载波频分复用接入（Single Carrier - Frequency Division Multiple Access，SC - FDMA），支持 3.75kHz 或 15kHz 的子载波间隔；而下行一般为 OFDMA，采用 15kHz 的子载波间隔。NB - IoT 协议栈如图 3 - 20 所示。

　　NB - IoT 的网络架构如图 3 - 21 所示，分为 NB - IoT 终端、演进型 3G 移动基站（Evolved Node B，eNodeB）、IoT 核心网、IoT 平台和应用服务器五个部分。终端设备包括传感器等，主要承担数据信息的采集和传输，并通过空口接入 eNodeB。eNodeB 靠 S1 - lite 接口连接到 IoT 核心网，将下层数据传输到核心网。此外，eNodeB 还要处理空口接入等问题，承担小区管理工作。IoT 核心网则具备签约服务器、管理实体和网关的功能。可以在非接入层与终端设备进行信息交互。将 NB - IoT 业务相关的数据移交到 IoT 平台处理。IoT 平台基于云计算等技术，具备可视化界面，可完成物联网设备管理、终端适配、数据整合管理等功能。并将整合后的数据发送到相应的应用服务程序进行处理。应用服务器则负责处理数据，根据数据为用户提供 IoT 服务等。

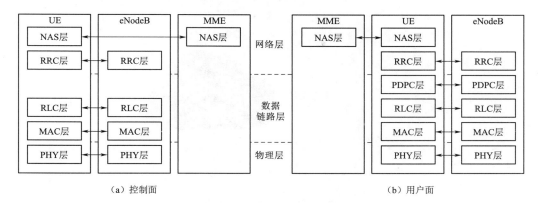

（a）控制面　　　　　　　　　　　　　　　　　　（b）用户面

图 3 - 20　NB - IoT 协议栈

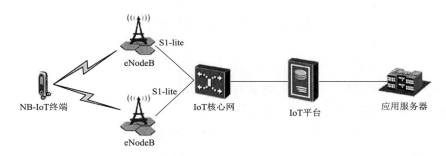

图 3 - 21　NB - IoT 网络架构

3.2.2.5　Sigfox

Sigfox 由法国的一个物联网公司于 2010 年正式发布。该标准也是 LPWAN 标准的一种，具备 LPWAN 标准的特点，但又有别于其他标准。Sigfox 技术采用了 UNB 超窄带二进制相移键控（Binary Phase Shift Keying，BPSK）调制方式，工作频段为 902MHz 或 868MHz。传输信号时，也采用 192kHz 的窄带宽，每条信息的宽度只 100Hz。这些特性使得 Sigfox 在传输时受噪声影响较小，因此可以较远距离传输。Sigfox 主要适用于带宽低、且信息传输频率低的应用，在上行链路更加有效。事实上，最初 Sigfox 仅仅支持上行通信，在上行通信时还具有信息长度和数量的限制。每天上行信息最多发送 140 条，每条信息长度不可超过 12B。之后开始发展下行通信，但下行与上行链路具有不对称性。具体表现为，下行链路每条信息长度不能超过 8B，每天最多发送 4 条信息。这意味着下行信息不能对每一个上行信息进行回复和确认。为了保证通信可靠性，采用时频分集技术，并允许终端设备以不同的频率通道多次重复发送信息。终端选择频率通道时可以随机选择，基站可以接收全部频率通道的信息。这样可以简化终端设备，一定程度上降低成本。Sigfox 网络架构如图 3 - 22 所示。

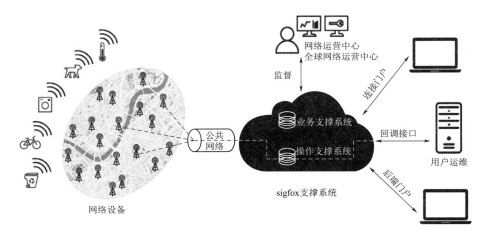

图 3 - 22　Sigfox 网络架构

3.3　低功耗无线传感网组网技术

低功耗无线传感网的组网拓扑结构包括点对点网络、星形网络和 Mesh 网状网络，由中心节点确定网络的具体构架。无论网络的拓扑结构为何种，子节点均能适应。

3.3.1　星形 AP 模式（及支持的通信协议）

AP 可以把有线网络转化成无线网络。星形拓扑模式如图 3 - 23 所示，网络中只有一个控制节点（又称中心节点），与网络中的其他所有节点直接相连。这种网络拓扑结构其首要的优点便是结构简单，可以方便部署，但是也有着可扩展性差、覆盖范围受限、稳定性差等明显缺点，一旦中心节点停止工作，势必会引起整个网络的崩溃。

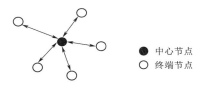

● 中心节点
○ 终端节点

图 3 - 23　星形拓扑模式

低功耗无线传感网的星形网络模型一般指的是一个汇聚节点与多个传感终端直接相连，也可以是一个接入节点与多个汇聚节点相连，如图 3 - 24 所示。本网络模型支持双向传输和单向传输。

低功耗无线传感网的星形网络结构以中心节点为控制中心，所有设备只能与中心节点进行通信，这个中心节点可以是接入节点，也可以是汇聚节点，如图 3 - 24 所示。因此在星形网络的形成过程中，第一步就是确立中心节点，随后中心节点向子节点发送周期性的广播信息，广播是定时的，广播消息由主节点发送给从节点（汇聚节点或传感终端），从节点接收到广播信息后选择随机接入，主节点收到响应后为从节点注册，主节点在注册成功后就可以调度从节点发布指令或者采集数据等。从节点会在随机接入失败后再次申请随机接入进行组网。在星形网络中，两个从节点之间只能通过主节点来进行信息交流，从而进行通信。

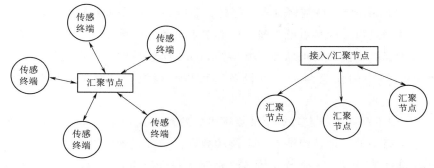

（a）汇聚节点与传感终端星形拓扑网络　　　（b）接入/汇聚节点与汇聚节点星形拓扑网络

图 3-24　低功耗无线传感网星形网络模式

3.3.2　点对点模式

　　星形网络是以主节点为中心的通信系统。假如核心节点设备遇到紧急情况出现故障，通信系统将无法正常工作，而点对点技术的应用正弥补了这一缺陷，其他终端可以通过点对点模式在覆盖盲区实现端到端通信。基本的点对点模式可以分为单向传输和双向传输两种，如图 3-25 所示。

　　其中，单向通信和双向通信在时间上都是连续的，只是单向通信有 1 个数据传输链，单向通信的数据传输方向只有 1 个，不能改变，而双向通信有 2 个数据传输链。对于低功耗无线传感网，单向传

（a）单向通信　　　（b）双向通信

图 3-25　点对点模式

输指汇聚节点与传感终端在一个单独的信道上直接相连，单向传输只能在传感终端发起，汇聚节点进行接收，传感终端通过上行链路上传数据，如图 3-26（a）所示。

　　双向通信的数据传输方向有 2 个，节点在发送和接收模式之间相互切换。对于低功耗无线传感网而言，双向传输指子节点（传感终端）和主节点（汇聚节点）在给定信道的上行链路和下行链路进行双向数据传输，如图 3-26（b）所示。双向传输是指在传感终端有序接入汇聚节点时，由传感终端在上行链路发起，汇聚节点在下行链路上进行应答。双向通信实现了数据在无线传感网内的共享利用以及通信模式多样化。

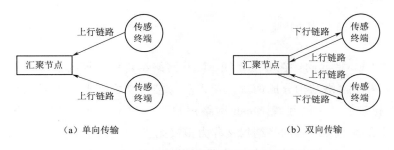

（a）单向传输　　　　　　　　　　　（b）双向传输

图 3-26　低功耗无线传感网点对点通信模式

3.3.3　Mesh 模式

网状网又称 Mesh 网，该网络具有良好的自愈能力，只要路由分布允许，应尽可能组建网状网。网状网最显著的特点就是没有中心节点，每一个节点地位平等，都可以转发和接收信息，极大提高了网络的可靠性。其结构如同一个蜘蛛网，有点类似点对点类型的无线网络架构，网络中的任意两个节点设备都可以互联互通。Mesh 组网拓扑模式如图 3 - 27 所示。

Mesh 网络中不存在主节点，每个节点都可以跨越一定数量的中间节点，通过多跳的方式能够到达网络中的其他任何节点。多跳的数据传输方式既可以躲避周围的障碍物，也可以进行远距离通信。通过一个节点传输给相邻的一个节点，再传给下一个相邻的节点，最终传输到终端目的节点，从而实现数据传输，Mesh 网也可以理解为一种特殊具体的点对点通信网状网络。

无线 Mesh 网络的节点可以分成 Mesh 终端用户和 Mesh 路由器两类。Mesh 路由器具备了包括路由器和终端的功能。作为路由器，它可以转发其他终端设备的分组数据，可以在网络建立之初对转发分组信息的路由进行相应的配置，即为静态路由；也可以临时决定当时可使用的节点配置，即实现动态路由。也可以将处于接入网中的 Mesh 路由器作为核心网的接入点，将边缘无线接入网接入到核心网，并且将其他 Mesh 节点连接到一起，使其他的 Mesh 终端设备可以通过路由器共享核心网络的资源。

无线 Mesh 网根据其层次结构可以分成三类：

（1）平面无线 Mesh 网：平面无线 Mesh 网络结构是三类中最简单的网络结构，网络中所有节点的地位平等，且特性完全一致，如图 3 - 28 所示。换句话说，每个节点包含的路由、管理和安全协议均相同。因此，每个节点既可以充当网络的成员节点，也可以充当路由器进行业务的转发。

图 3 - 27　Mesh 组网拓扑模式

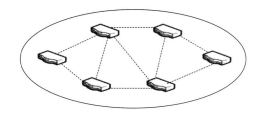

图 3 - 28　平面无线 Mesh 网络结构

（2）分层无线 Mesh 网：在分层无线 Mesh 网络结构中，接入点和无线 Mesh 网络用户/路由分离，整个网络结构分成两层，接入点与接入点之间形成平面无线 Mesh 网络结构，而接入点和与之对应的无线 Mesh 网络用户又形成平面无线 Mesh 网络结构，如图 3 - 29 所示。分层无线 Mesh 网络结构又称为多级无线 Mesh 网络结构。在该网络结构中，接入点具备网关的功能，与其他无线节点是不对等的。

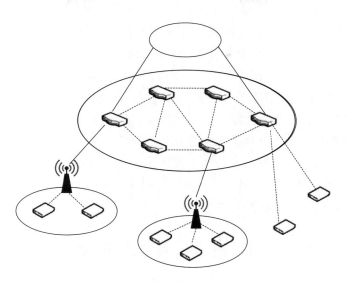

图 3-29 分层无线 Mesh 网络结构

（3）混合型无线 Mesh 网：混合型无线 Mesh 网结构混合了前两种结构。这种网络结构下的网络节点可以接入上层 Mesh 路由器，而且与本层网络中的对等节点构成平面网络结构，如图 3-30 所示。由于具备了前两种无线 Mesh 网络模型的优势互补性，因此混合型无线 Mesh 网络将在一个广阔的区域内实现多跳无线通信。终端设备既能通过与其他网络相连来实现无线宽带接入，又能够与其他用户进行直接通信，并可作为路由器进行其他节点数据的转发，将数据送往目的节点。

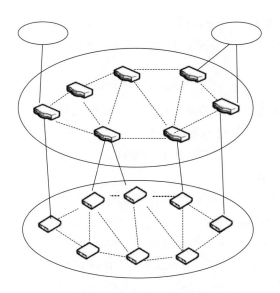

图 3-30 混合型无线 Mesh 网络结构

无线 Mesh 网络中的节点能够通过自动建立无线多跳网络，从而扩大网络覆盖范围。无线 Mesh 网络可以自动进行自我配置，并确定最佳的多跳传输路径，具有自组织的特性。当网络中节点位置发生变化或者出现新的节点时，网络可以检测到拓扑的变化从而调整路由，以获得最佳的传输路径。无线 Mesh 网络可以集成其他网络，整个网络中仅需一个节点与边缘节点相连，其他节点与该节点组网相连即可。

综上所述，Mesh 网络布网灵活和自组织性好，具有极高的自愈性和可扩展性。无线 Mesh 通过大量部署网络节点能够实现大容量高覆盖的自组织网络，且具备负载平衡和多跳传输的功能。但是，Mesh 网络衰减和干扰严重，一旦节点部署密度不足的话，网络的覆盖度不高，可靠性也不强。此外，由于 Mesh 网络需要第三方的管理，因此数据加密和安全问题也是制约其发展的关键因素。

3.4　技　术　对　比　分　析

3.4.1　通信技术比较

低功耗无线传感网涉及的通信技术分为两种：低功耗局域网技术和低功耗广域网技术。低功耗局域网技术包括蓝牙、WiFi、ZigBee、WIA - PA 等。低功耗广域网技术包括 LoRa、纵横电子技术协会（Zongheng Electric Technology Association，ZETA）、WIoTa、Sigfox 以及 NB - IoT 等技术，适用于广域网。这两类技术为互补关系。

不同的无线传感网通信技术在组网、功耗、通信距离、工作频段等方面各有差别，适用不同的应用场景，下面从这些方面进行对比分析。

1. 组网

WiFi、LoRa 支持星形和 Mesh 网组网，蓝牙、ZigBee 和 WIoTa 均支持点对点、星形、Mesh 网组网，ZETA 支持星形、树形和 Mesh 网组网。

2. 功耗

从功耗来看，WIoTa＞WiFi＞LoRa＞ZETA＞蓝牙＞ZigBee。与其他无线通信技术相比，ZigBee 技术最大的优点便是低功耗。同样的电量情况下，它可以比蓝牙、WiFi 等工作更长的时间。例如，在低耗电的模式下，一个节点使用两节五号干电池可以工作 6～24 个月的时间，甚至可以支持其工作更长的时间。

3. 通信距离和传输速率

WiFi 的传输距离在 100～300m，WiFi 6 的速率可达 9.6Gbit/s；ZigBee 的传输距离视发射功率而定，从几百到几千米不等，理论传输速率为 250kbit/s，实际上它的传输速率一般只能到 20～30kbit/s；蓝牙传输距离 2～30m，速率 1Mbit/s；LoRa 的传输距离为 2～15km，城镇可达 2～5km，郊区可达 15km，传输速率 0.3～50kbit/s；WIoTa 的传输距离为 1～30km，传输速率低于 240kbit/s；ZETA 的传输距离为 1～15km，传输速率为 300～600kbit/s。

4. 工作频段和带宽

WiFi 的工作频段在 2.4GHz 和 5GHz，工作带宽支持 80MHz、160MHz 和 320MHz（WiFi 7）；蓝牙的工作频段在 2.4～2.485GHz，工作带宽为 2MHz；ZigBee 的工作频段有三个，分别为 868～868.6MHz、902～928MHz、2.4～2.4835GHz，对应三个频段的带宽分别为 0.6MHz、2MHz、5MHz；LoRa 的工作频段包括 433MHz、470MHz、868MHz、915MHz，带宽为 125kHz；WIoTa 的工作频段为 130～1200MHz，带宽支持 12.5kHz、25kHz、50kHz、100kHz、200kHz、400kHz；ZETA 的工作频段为 470～518MHz，带宽为 0.6～120kHz、0.6～4kHz。

5. 安全性

WiFi 采用 128 位的 WEP 流和 AES 流加密算法，它的安全性较差；而 WAPI 采用高强度分组加密算法，采用基于用户和认证可控的会话协商动态密钥，通信过程中动态更新，安全强度高。蓝牙协议在基带部分定义了设备鉴权和链路数据流加密所需要的安全算法和处理过程，设备的鉴权是强制性配置，所有的蓝牙设备均支持鉴权过程，而链路的加密则是可进行选择。ZigBee 采用了分级的安全性策略，无安全性、接入控制表、32bit AES 和 128bit AES。如果系统是在安全性要求较高的应用场景，可以选择较高的安全级别；反之用于安全性要求不高的场景，可以选择级别较低的安全措施，从而换取系统成本和功耗的降低。相比 WiFi，ZigBee 和蓝牙在一定程度上都能够保证安全性；但 ZigBee 比蓝牙更为灵活，这更有利于控制系统成本。

综合来讲，WiFi 的优势是应用广泛，已经普及到千家万户。相较于 WiFi，ZigBee 的优势是低功耗和自组网；蓝牙的优势是组网简单。蓝牙和 ZigBee 在性能特征上表现出一定的趋同性，抗干扰能力都相对较强、频谱资源利用率相对较高和能耗相对可控等。与蓝牙不同，ZigBee 协议在设计之初的目标并非实现高可靠性点对点无线通信链路，而是实现类似于蜂群的低功耗、低复杂度、低速率、自组织的短距无线通信网络。因此，即使与蓝牙相比，ZigBee 传输的可靠性、组网灵活性和低功耗特性仍然较为突出。在井下定位、停车场车位定位、室外温湿度采集、污染采集等需要节点实现密集自组网部署的 IoT 场景有很强适用性。一般蓝牙更适用于低能耗的点对点场景，用于特别短距离的文件传输。而 ZigBee 更偏重于低能耗的大规模组网场景。但蓝牙 5.0 针对低功耗蓝牙进行了性能优化，可部署于大区域高密度接入的通信环境，适用于需要可靠通信环境进行多节点双向交互的 IoT 解决方案，如智慧建筑、柔性生产线、大数据平台传感器网络等。

LPWAN 技术是近些年出现的一种革命性的物联网接入技术，其具有终端功耗低、运维成本低、通信距离远等特点，与蓝牙、WiFi、ZigBee 等现有技术相比，LPWAN 真正实现了大区域物联网低成本全覆盖。其中，LoRa 作为目前应用最广泛的 LPWAN 技术，具有传输距离远、协议简单、方案易开发等优势，但是在大项目中也存在着网络容量不足、信号易受干扰、功耗不稳定等不足之处。LoRa 技术对大城市的覆盖不理想。LoRa 技术对抗多径衰落环境性能不佳，城区和室内等多径反射强烈的地方信号差。LoRa 技术不支持中继组网，布网有限制会导致整体方案成本变高。ZETA 能根据各种应用场景的不同速率要求进行自适应，使 ZETA 能做到传统 LPWAN 技术的 1/10 成本、1/6 功耗、1/8 频谱占用压缩，同时最高速率提升了 6 倍。但 ZETA 采用的 Advanced M-FSK 本质上仍然是 M-FSK 技术，为了考虑与现有 M-FSK 的兼容以及频谱管理的要求，Advanced M-FSK 技术在物理层频谱效率低等固有缺陷仍然无法消除。当用户需要加强灵敏度时须扩展单用户频带，易在组网达到一定规模和密度时出现多用户冲突，造成性能恶化。在物理层层面，WIoTa 借鉴了蜂窝网络，核心调制方式采用自主设计的改进型高斯最小频移键控 GMSK，具有极高的射频频谱效率，在信道设计上可以充分解决大量连接设备的干扰问题，最大程度上避免 LoRa、WiFi 等在密集场景下自干扰的问题。在 MAC 层面，WIoTa 将短消息、数据信道映射到物理层共享数据信道，从而在压缩控制信息开销上相对 WiFi 和 LoRa 具有较大的优势。

各技术就距离、数据速率、功耗、拓扑结构以及适用场景的对比见表 3-2。

3.4.2　组网方式对比

在传统的星形网络中，所有节点都必须通过中央节点进行通信，这种网络拓扑结构的优缺点非常明显。其首要优点便是结构简单、延迟小、方便部署，但其缺点也一目了然，比如覆盖范围受限、可扩展性差、稳定性差，一旦中央节点"瘫痪"，会导致整个网络不能正常工作，这极大地降低网络的鲁棒性。然而点对点网络和无线 Mesh 网中就不存在这样的问题。

点对点拓扑结构与星形拓扑结构之间存在很大不同，如图 3-31 所示。点对点拓扑结构只要节点双方都在彼此的通信范围之内，它们就可以直接通信，无需其他节点进行中转。点对点拓扑结构主要应用在大范围的环境中，其可以构建更为复杂的拓扑结构；而星形拓扑结构主要应用在小范围环境中。

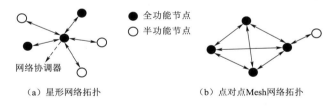

（a）星形网络拓扑　　　　　　（b）点对点 Mesh 网络拓扑

图 3-31　星形网络拓扑和点对点网络拓扑对比

无线 Mesh 网也属于点对点类型的网络结构，网络没有中央节点，网络中任意节点都具有中继和路由功能，所以存在多条可供选择的路径用于数据传输，网络会在某一路径无法使用时自动选择新的路径进行消息路由，使得传输过程更加可靠。

此外，无线 Mesh 网络在一定程度上具有链路设计的简化，这主要表现在它的网状结构上。如图 3-32（a）中的 A 和 B 节点的通信所示，A 节点和 B 节点之间进行远距离的节点间通信时，消息经过多个节点之间的中继转发，最后才到达 B 节点。然而在传统网络结构的远距离通信中，如图 3-32（b）中的 A 和 B 节点通信，A、B 节点之间只有 A 节点、中央节点和 B 节点这一条路径。长距离的通信路径会带来天线成本的增加，同时

表3-2

技术对比分析表

技术	WiFi	低功耗蓝牙	ZigBee	LoRa	WIoTa	ZETA
距离	15~300m	10m~1.5km	30m~100m	2~15km	1~30km	1~15km
吞吐量	54Mbit/s~9.6Gbit/s	125kbit/s~2Mbit/s	20~250kbit/s	0.3~50kbit/s	<240kbit/s（典型），最大可达1Mbit/s	300~600kbit/s
功耗	中	低	低	低	中	低
工作频段	2.4GHz和5GHz	2.4~2.485GHz	工作频段有三个：868~868.6MHz，902~928MHz和2.4~2.4835GHz等	ISM频段，包括433MHz，470MHz，868MHz，915MHz等	130~1200MHz	sub-GHz非授权频段（中国主要使用470~518MHz）
工作带宽	80MHz，160MHz，320MHz（WiFi 7）	2MHz	对应上述三个工作频段，带宽分别为：0.6MHz，2MHz和5MHz	125kHz	12.5kHz，25kHz，50kHz，100kHz，200kHz，400kHz（典型200kHz）	0.6~120kHz，0.6~4kHz
拓扑结构	星形，Mesh网	点对点，星形，Mesh网，广播	点对点，星形，树形，Mesh网	星形，Mesh网	星形，点对点，Mesh网；支持同步和异步2种模式	星形，树形，Mesh网
用户/设备接入量	标准IEEE 802.11的场景下，最大理论连接数实际上限是2007	7~8个	理论上最多可包含65536个网络设备	一个LoRaWAN网关可以连接成千上万个LoRa节点，（支持LR-FHSS的网关可提高数十倍），但并发量可小于300个	单网频点网关理论上短秒可连接接入量极大，每秒可新增用户200个	单网理论上可支持接入约9万多个设备
适用场景	适合用在设备高密度的场景	应用于实时性要求比较高，但是数据速率比较低的产品，如：传感设备的数据发送（心跳带，血压计，温度传感器）等	应用于自动抄表，医疗监护，传感器网络应用等场景	适用于对于功率、距离要求严格的应用需求	适用于广覆盖、大连接、低功耗、低成本、高安全的各种物联网应用需求	可应用在楼宇、智慧城市、物流、农业、工业等各种领域

也要求天线更高的发射功率。通信距离的增加相应地引入来自不同系统的射频干扰。然而无线 Mesh 网络中通过多跳的方式避免了这些问题，缩短了节点之间的通信距离，解决了很多不必要的麻烦。

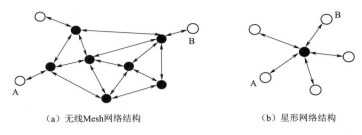

（a）无线Mesh网络结构 （b）星形网络结构

图 3-32 无线 Mesh 网络结构与星形网络结构对比

Mesh 网络相比星形网络覆盖范围增大。传统的网络结构中的天线功率有限，随着距离的增加，通信质量会受到环境中的干扰影响，从而变差，因而传统网络的覆盖范围有限。而在无线 Mesh 网络结构中，是以多跳的方式进行数据的传输传递，可以方便地扩展网络的覆盖范围，减小环境对其产生的影响。最后，采用多跳传输方式的 Mesh 网络的另一个优点就是传输效率的提高。对于任意消息来说，每次传递都只是在节点附近的传递，在缩短通信距离的同时提高了通信成功率，降低了通信的数据误码率，从而提高传输效率。

第 **4** 章

低功耗无线传感网在电力行业的应用现状分析

4.1 发 电 领 域

4.1.1 发电领域应用需求

发电厂又称发电站，是将自然界蕴藏的各种一次能源转化成电能的工厂。随着电力需求的快速增长，依靠风力、水力、太阳能等进行发电的电厂数量也不断增加，4 种典型的发电站如图 4-1 所示。

（a）风力发电站

（b）水力发电站

（c）光伏发电站

（d）火力发电站

图 4-1 典型发电站

目前，低功耗无线传感网在发电站的磨煤机电缆桥架、空冷岛电缆隧道等地方应用较多，可采用无线传感器对电缆隧道、电缆桥架、电缆夹层的电缆温度、氧气含量及电缆隧道内积水情况等进行实时在线监测，并通过分析实现监测区域的事故预警、环境状态判断、劣化趋势分析，能够为电力企业的安全运行提供有力的支撑。但目前仅停留在自动采集和智能分析阶段，与控制设备的联动仍然需要人工介入。在电源侧，风电、光伏发电等大量新能源发电设备接入，需要感知温度、光学及位置等信息，监测发电设备运行状态、健康情况等，预防事故发生，提高发电效率并延长设备寿命。

4.1.2 发电领域应用现状

在风电领域，由于风电波动性、随机性与环境因素有极大的关联性，风电功率受风速、风向、地理、气象等多方面因素的影响，对风电的准确预测预报是国内外公认应对大规模风电功率波动最有效的方法。风电发电环境监测系统架构如图 4 - 2 所示，无线传感器节点采集环境参量，并通过 ZigBee 等无线通信技术将采集的数据传输到基站。风电机组一般远离中控中心且所处环境恶劣，为了保证到达中控中心的风电机组状态信息的准确性与保真性，需要通过信息中转站将风电机组的状态信息转发给中控中心。目前，信息中转站大多由近地通信卫星或其他网络提供，比如基于 5G 的信息传输方式等。

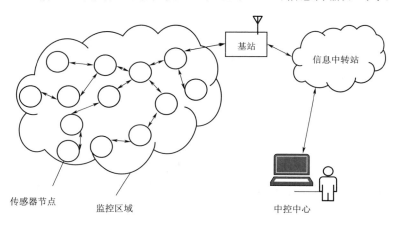

图 4 - 2 风电发电环境监测系统架构图

在光伏发电领域，随着分布式光伏监控系统传输技术的不断提升，根据光伏发电系统对监控网络的灵活性和可靠性要求，可以构建基于无线传感网的监控网络拓扑结构。光伏监控系统的传感设备从传统有线的方式，逐步变成了通过 5G、以太网、WiFi、ZigBee 等方式将光伏电站的数据上传到网络服务器或本地电脑中，使用户可以通过互联网或本地电脑上查看相关数据，方便电站运维人员对光伏电站的运行数据的查看和管理。

综上所述，对发电系统的状态监测主要通过部署相应的传感监测装置来实现，包括发电机组监测装置、风电准确预测装置和光伏监控系统装置。通过温度传感器、液位传感器、风向传感器、振动传感器、气体传感器、转速传感器等采集的数据，经过汇聚节点、接入节点后到达平台侧，在平台侧利用传感器传回的监测数据，进行数据融合，实现设备健康状态判断和预警以及发电系统多维度感知。如图4-3所示。

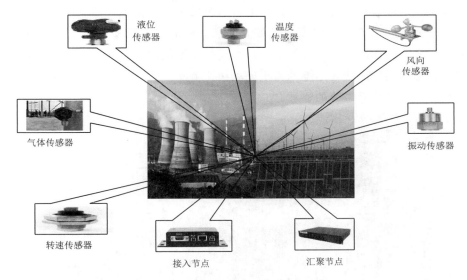

液位
传感器

温度
传感器

风向
传感器

气体传感器

振动传感器

转速传感器

接入节点

汇聚节点

图4-3　低功耗无线传感网在发电厂应用全景

4.2 输 电 领 域

4.2.1　输电领域应用需求

　　输电线路是电力系统的重要组成部分，负责电能的输送和分配，根据结构形式可分为架空输电线路和电缆线路。架空输电线路一般由杆塔、导线、绝缘子、金具、避雷线、接地装置等部分组成。典型输电线路通常为链状区域，由多级输电杆塔组成，杆塔之间的距离多为400~600m，如图4-4所示。输电线路通常部署在野外环境，具有覆盖范围广、环境复杂、受自然环境因素影响较大等特点。

图4-4　典型输电线路

　　我国的高压输电线路数量多且分布广泛，电力巡检工作对输电线路及电网的稳定性至关重要。传统人工巡检模式大多依靠运维人员肉眼或手持仪器排查输电线路的故障，如图 4-5 所示，难以一处不落地排除所有的安全隐患。同时，由于输电线路大部分位于人烟稀少的郊区，尤其是在恶劣天气条件下，日常巡检运维难度大，危险系数高。同时随着输电线路架设数量的逐年递增，运维的人工成本快速上涨。此外，在人工巡检的过程中，运维数据的整理和统计缺乏系统的管理。

图 4-5　人工巡检

4.2.2　输电领域应用现状

　　根据输电线路特性及输电领域应用需求，传感技术和无线通信技术相结合产生的无线传感网络技术，现已形成了相对成熟的低功耗无线传感网解决方案。输电领域低功耗无线传感网解决方案整体架构如图 4-6 所示，主要包括由接入层和组网层构成的感知层和由边缘计算系统和后台接入系统组成的应用层。

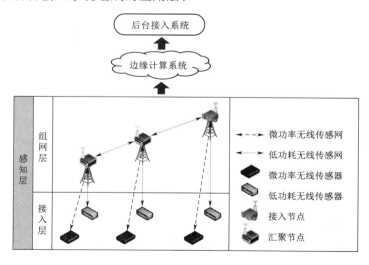

图 4-6　输电领域低功耗无线传感网解决方案整体架构

　　输电线路物理结构呈链状分布，各个传感监测装置部署在杆塔、导线等电力设备上。由于输电场景中杆塔之间跨度大，取能条件受限，因此采用统一的终端接入标准和低功耗、广覆盖的自组网通信技术，实现输电场景的状态采集和数据传输。输电领域低功耗无线传感网的网络拓扑采用树形拓扑，可以实现多跳传输。微功率传感器与节点之间的数据通信采用 Q/GDW 12020—2019《输变电设备物联网微功率无线网通信协议》标准，低功耗传感器和节点间以及节点和节点间组网采用 Q/GDW 12021—2019《输变电设备物联网节点设备无线组网协议》标准。监测设备采集的数据采用无线传输方式发送至对应的汇聚节点，汇聚节点通过多跳传输后将数据传送至接入节点，接入节点与对应的应用平台相连。该方案已在江苏等多个省市的多跳线路实现推广和应用。

　　对输电线路的状态监测主要通过部署相应的传感监测装置来实现，包括通道环境监测装置、线路本体监测装置和分布式故障检测装置。通过杆塔倾斜传感器、微气象传感器、无线覆冰拉力传感器等采集的数据，经过汇聚节点、输电接入节点后到达平台侧，平台侧对其进行处理，从而实现对输电线路状态的判断和预警，如图 4-7 所示。

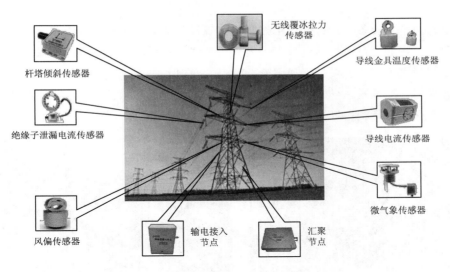

图 4-7　低功耗无线传感网在输电线路应用全景

4.3　变　电　领　域

4.3.1　变电领域应用需求

　　变电站是指电力系统中对电压和电流进行交换，接收电能及分配电能的场所。变电站主要由变压器、高压断路器、隔离开关等一次设备和继电器保护装置、自动装置、测控装置等二次设备组成。典型变电站覆盖范围通常为块状区域，如图 4-8 所示，近似方形或者圆形，覆盖半径通常和电压等级成正比，多为 100～500m。

图 4-8　典型变电站

变电站中各类设备在运行过程中经常会出现设备缺陷及设备异常现象，不仅影响设备的使用寿命，降低变电站的输电效率，大大增加线损的风险，还可能会造成设备损坏、人身伤亡以及火灾等事故的发生，如图 4-9 所示。同时，一些自然灾害的发生也会对电力设备造成损坏，尽早发现异常情况对避免或减少损失有重要意义。因此对变电站内电力设备的运行状态、环境状态等进行在线监测有其必要性。

（a）变压器失火　　　　　　　　　　　　　（b）变电站内涝

图 4-9　变电站事故

4.3.2　变电领域应用现状

变电站内存在多种金属设备，易引起无线信号的绕射。在无线传感器部署位置及数量方面，变电站状态监测传感器、局部放电监测传感器的部署位置受限于被监测设备，环境量监测传感器则一般均匀分布在整个区域中，小型变电站全部部署时总传感器个数约

1000 个，大型变电站全部部署时总传感器个数约 4000 个，且相对集中。在网络覆盖范围及单跳通信距离方面，假设一个变电站部署 1 个接入节点，要求无线传感网络覆盖半径不小于 500m，变电领域通信协议栈的整体架构如图 4-10 所示。

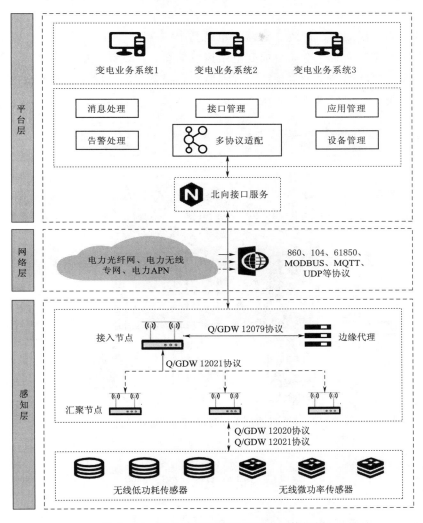

图 4-10 变电领域通信协议栈的整体架构

在网络拓扑方面，变电站无线传感器分布相对集中，适用于星形、树形组网的通信协议均适用。利用星形网络拓扑，实现变电站内的传感器与汇聚节点的无线连接，结构简单，连接方便，管理和维护都相对容易，拓展性强。通过树形网络拓扑，增加传感器覆盖范围和接入密度。由于变电站中遮挡和干扰导致的无线网络中断和感知数据可靠回传难度大等问题，采取多种措施，在一定程度上实现抗干扰。在感知层，传感器和节点以及节点与节点之间采用 Q/GDW 12020—2019 和 Q/GDW 12021—2019 国网企业通信标准。在网络层，变电站目前常采用电力光纤网、电力无线专网、电力接入点名称（Access Point

Name，APN）等进行数据传输。在供电方面，传感器节点部署位置受限于一次设备位置，大多存在供电难题，需要电池供电；接入节点一般部署在室内机房；汇聚节点部署位置基本不受限，尽量部署在可直接供电的位置处。该套方案已在多个省市不同等级的变电站得到应用。

在变电站内，温湿度、局放、电流、电压等传感器对变电站环境量、状态量、电气量、行为量进行实时采集，全面集成变电站运行信息，实现无人值守变电站设备本体及变电站运行环境的深度感知、风险预警及远程监控，提升变电站状态感知的及时性、主动性和准确性，如图 4 - 11 所示。

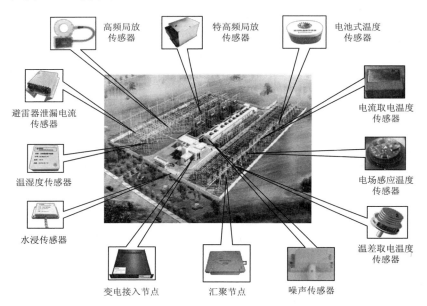

图 4 - 11　低功耗无线传感网在变电站应用全景

4.4　配　电　领　域

4.4.1　配电领域应用需求

配电网是指从输电网或地区发电厂接受电能，通过配电设施就地分配或按电压逐级分配给各类用户的电力网，由架空线路、电缆、杆塔、配电变压器、隔离开关、无功补偿器及一些附属设施等组成。配电领域应用主要包括分布式电源业务、储能业务、配电自动化业务和配电保护业务四个方面。下面分别对四个方面的应用需求进行讨论。

1. 分布式电源业务

10kV 分布式电源接入电网须满足电网调度、营销业务需求，包括电源监控业务和计量采集业务等。380V/220V 分布式电源只需要满足营销业务需求，仅有计量采集业务。电源监控业务系统是电网调度实现分布式电源运行监视和控制的自动化系统，具备数据采集和处理、有功功率调节、电压无功功率控制、孤岛检测、调度与协调控制及与相关业务系统互联等。计量采集业务上传信息包括计量监控、召测操作、发电量等，作为用电信息采集的一部分，须直接传到用电信息采集主站。分布式电源数据流向如图 4-12 所示。

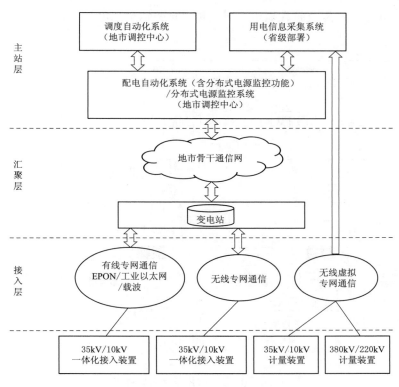

图 4-12 分布式电源数据流向

2. 储能业务

目前主要采用蓄水储能和电池组储能。储能电站的管理与控制功能包括电池组的管理与控制、能量转换系统逆变器的管理与控制、测控设备的保护与控制以及安全稳定的自动控制系统。对于接受电网调度接入 10kV（6kV）及以上电压的储能电站，应具备与电网调度部门之间进行数据通信的能力，电网调度部门应能对储能系统的运行状况进行监控。对于接入 220V/380V 配电网的储能系统，以往只受电网企业运行状况监控。随着储能电站容量不断提升以及区域内站点的增多，为了实现配电网的系统调度及供需平衡，低电压等级的储能电站可能将纳入配电网调度系统。因此，配电网通信网络将接入低电压等级的储能电站，且网络覆盖范围进一步扩展。

3. 配电自动化业务

配电网感知监控范围覆盖站房端、馈线端、台区端 3 个关键环节，主要配电自动化终端包括站所终端（Data Transfer Unit，DTU）、馈线终端（Feeder Terminal Unit，

FTU)、配电变压器监测终端（distribution Transformer Supervisory Terminal Unit，TTU）3类，每类终端外围布设相应的电气量、开关量、环境量等各类感知终端设备。配电自动化系统主站与配电自动化终端通过通信网络进行数据传输，数据传输采用有线通信方式时，在变电站汇聚，再由变电站骨干通信传输网上传至地市配电自动化系统主站；采用无线通信方式时，数据直接在地市公司汇聚，再传输至配电自动化系统主站，数据流向如图4-13所示。

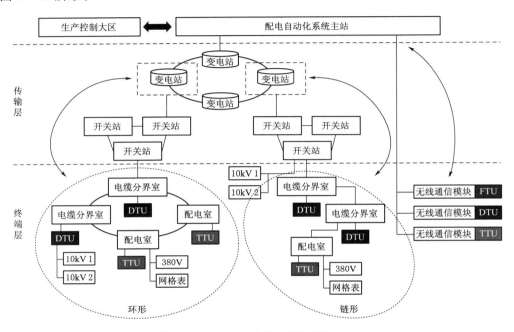

图4-13　配电自动化系统数据流向图

4. 配电保护

目前配电保护主要采用就地保护形式，主要针对馈线的单重故障，通过跳开故障点附近分段开关和隔离故障；闭合联络开关，以恢复健全线路的供电，减小停电范围。就地保护信息通过配电自动化终端上传至主站。随着配电网不断发展，对安全可靠性要求提高，部分省份开展了配电线路差动保护试点，利用被保护线路两端电流波形或电流相量之间的特征差异构成保护。

4.4.2　配电领域应用现状

低功耗无线传感网在配电领域主要应用在二次领域和一次设备监控中，考虑到安全问题，不涉及控制命令的传输。在配电领域，低功耗无线传感网目前主要用于配电自动化、分布式电源监控等业务。

1. 配电自动化

低功耗无线传感网主要实现配电终端（如柱上开关、开关站、环网柜等）状态监测数据向配电子站上报功能，配电自动化系统构成如图4-14所示。

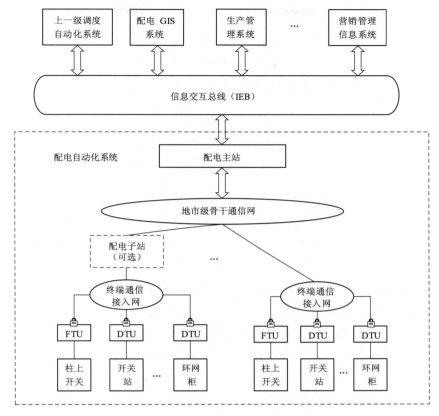

图 4 - 14　配电自动化系统构成图

配电自动化系统主要部署于地市，但随着配电主站建设成本的降低，在部分区县也有所部署。配电主站通过信息交互总线与上一级调度自动化系统、配电 GIS 系统、生产管理系统、营销管理信息系统实现信息交互。配电子站为可选配置，部署在配电自动化终端密集区域，目前建设规模较小。配电终端包括馈线终端（FTU）、站所终端（DTU）、配变终端（TTU）。对于不具备电力光纤通信条件的末梢配电终端和只采集遥信、遥测的配电终端，可采用低功耗无线通信技术，如 LTE - U、LoRa 等方式进行通信。

2. 分布式电源监控

低功耗无线传感网主要用于分布式电源运行监视。分布式电源监控系统是实现分布式电源运行监视和控制的自动化系统，具备数据采集和处理、有功功率调节、电压无功功率控制、孤岛检测、调度与协调控制及与相关业务系统互联等功能，主要由分布式电源监控主站、分布式电源监控子站、分布式电源监控终端和通信系统等部分组成，如图 4 - 15 所示。

根据调研，目前各地市基本未采用分布式电源监控子站的形式。分布式电源监控终端直接与主站通信。已经部署配电自动化系统的地市公司，大多数通过对配电自动化系统改

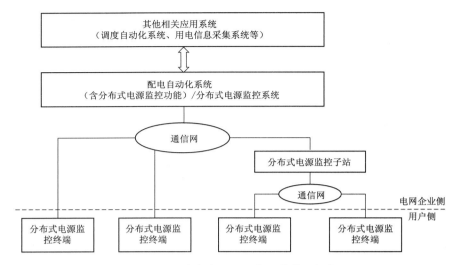

图 4-15 分布式电源监控系统体系架构

造，使分布式电源监控系统作为一个功能模块集成在配电自动化系统，实现分布式电源并网接入。也有部分地市公司部署独立的分布式电源监控系统。

目前，35kV/10kV 分布式电源主要采集电能质量、测控、关口计量信息，电能质量、测控信息由一体化装置统一采集，关口计量信息由用电信息采集系统采集终端采集并直接与用电信息采集系统交互信息。380V/220V 分布式电源目前主要采集关口计量信息，直接与用电信息采集系统实现信息交互。

4.5 用 电 领 域

4.5.1 用电领域应用需求

用电领域应用主要包括用电信息采集业务和精准负荷控制业务。下面对这两类业务的应用需求进行讨论。

1. 用电信息采集业务

在用电信息采集业务方面，其目的是对电力用户的用电信息进行采集、处理和实时监控，在新型电力系统建设目标下，用电信息采集系统要求能够实现用电信息的自动采集、计量异常监测、电能质量监测、用电分析和管理等。用电信息采集的数据流向包括上行和下行两类。用电信息采集系统数据流向如图 4-16 所示。

用电信息采集的上行数据流是指低压工商业、居民用户和公配变用户的电能表数据经过采集器（可选）上传到集中器，集中器经上行通信通道传到用电信息采集系统主站；专变用户电能表的数据上传到专变终端，专变终端经上行通道传到用电信息采集系统主站。用电信息采集的下行数据流是指用电信息采集系统主站通过集中器和专变终端下发指令到电能表，开展跳合闸、安全认证命令等控制业务。

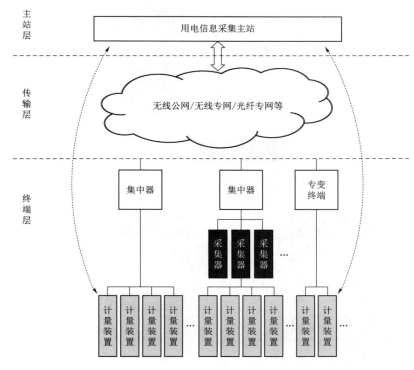

图 4-16 用电信息采集系统数据流向图

2. 精准负荷控制业务

在精准负荷控制业务方面，其通信对象包括接入层电力用户配电室分路开关及计量装置，以及骨干汇聚层各级上联汇聚站点。

精准负荷控制重点解决电网故障初期频率快速跌落、主干通道潮流越限、省际联络线功率超用、电网旋转备用不足等问题。根据不同控制要求，分为实现快速负荷控制的毫秒级控制系统和更加友好互动的秒级及分钟级控制系统。毫秒级控制系统针对频率紧急控制要求，第一时限快速切除部分可中断负荷；秒级及分钟级控制系统，第二时限切除部分可中断负荷，实现发用电平衡。

毫秒级精准负荷控制系统由区域电网协控中心站、本省控制中心站、地市控制主站、变电站控制子站和分布的终端构成，控制指令等数据信息在控制终端、控制子站、控制主站、控制中心站、协控中心站之间逐层传输、纵向交互，同一层级横向之间无数据交互。毫秒级精准负荷控制系统数据流向如图 4-17 所示。

秒级及分钟级精准负荷控制系统由控制主站和控制终端构成。控制指令等数据信息在控制终端与控制主站之间交互，控制终端横向之间无数据交互。秒级及分钟级精准负荷控制系统数据流向如图 4-18 所示。

4.5.2 用电领域应用现状

在用电领域，低功耗无线传感网主要用于用电信息采集业务中。

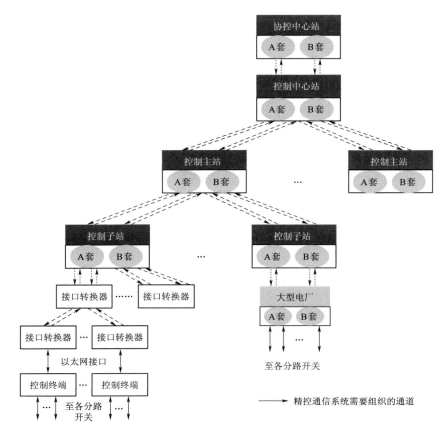

图 4-17 毫秒级精准负荷控制系统数据流向

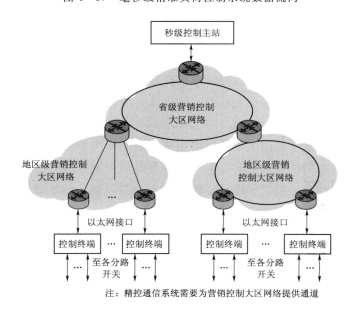

图 4-18 秒级及分钟级精准负荷控制系统数据流向

用电信息采集系统是对电力用户的用电信息进行采集、处理和实时监控的系统，实现用电信息的自动采集、计量异常监测、电能质量监测、用电分析和管理、相关信息发布、分布式能源监控、智能用电设备的信息交互等功能。

用电信息采集系统逻辑架构由主站层、传输层、终端层组成，集成在营销应用系统中，数据交互由营销系统与其他应用系统进行接口，如图 4-19 所示。

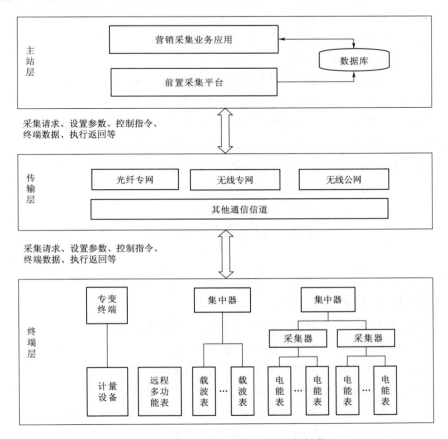

图 4-19　用电信息采集系统逻辑架构

主站层又分为营销采集业务应用、前置采集平台、数据库三大部分。营销采集业务应用实现系统的各种应用业务逻辑；前置采集平台负责采集终端的用电信息，并负责协议解析；同时对带控制功能的终端执行相关的控制操作；数据库管理是对各种与终端的远程通信方式进行通信的管理和调度等。

传输层是主站和采集设备的纽带，提供了各种可用的有线和无线的通信信道，为主站和终端的信息交互提供链路基础。现阶段主要采用的通信信道有光纤专网、无线公网、230MHz 无线专网。

用电信息采集系统部署于省电力公司，直接采集全省范围内的所有现场终端和表计，集中处理信息采集、数据存储和业务应用。下属的各地市公司不设立单独的主站，用户统一登录到省公司主站，根据各自权限访问数据和执行本地区范围内的运行管理职能。

根据调研，在国家电网公司范围内所辖 27 个省公司均建立独立的用电信息采集系统，分省建立集中式采集系统主站。

用电信息采集的通信终端多以模块的形式嵌入在业务终端中，业务终端具备通信功能的数量即为相应的通信模块数量。用电信息采集远程通信网络完成主站系统和现场通信终端之间的数据传输通信功能，通信方式主要有无线公网、光纤专网、230MHz 无线专网、电话 PSTN 等，主站系统可以同时支持各种通信信道类型，其中无线公网覆盖占比 98.32%、其他通信技术占比 1.68%。

本地信道用于现场终端到表计的通信连接，通信技术包括电力线载波、RS-485 总线、微功率无线等。高压用户在配电间安装专变采集终端到就近的计量表计，采用 RS-485 总线方式连接，低压用户一般选取低压电力线载波、微功率无线、RS-485 总线等通信方式灵活组网方案。其中载波覆盖占比 69.5%、RS-485 覆盖占比 25.6%、微功率无线占比 4.5%，其他占比 0.4%。受台区面积、传输距离、采集周期、环境干扰等因素制约，本地通信一次成功率相对较低。

4.6 其 他 方 面

4.6.1 供应链应用

4.6.1.1 供应链应用需求

电力行业的供应链。在电力企业的供应链中，供应物资的种类较多，供应量较大，供应周期较长，运输方式多样，对物资的供应管理难度较大。在电力物资供应的任一环节出现问题，都将对整个供应链带来重要影响，甚至带来较大的经济损失。

电力物资供应链的精细化管理对提高物资管理与处理效率有重要意义。根据国家电网现代智慧供应链体系的建设要求，整合供应链上下游各方资源优势，将传感、通信等技术应用到供应链管理中，实现从传统物资管理向数字化供应链转型。

4.6.1.2 供应链应用现状

电力物资作为电力企业的核心资源对电力生产供应等方案有重要影响。智慧供应链以智能采购、数字物流、全景质控三大智慧业务链为基础，提高物资专业运营能力，在电力中供应链应用情况如图 4-20 所示。

在感知层面实时采集电力物资的实时数据信息，供应链应用从采购源头入手，采用状态传感器、信息采集器、边缘计算单元等终端，对物资生产、出厂、运输、仓储、安装、运行、报废等各环节进行定位跟踪与信息采集。采集到的数据常采用 5G、NB-IoT、LoRaWAN 等技术传输到应用层，经过管理系统及监控系统的服务器处理后，实现供应链万物互联，在线感知人、机、物的位置和状态，可以在工作站中显示电力物资的实际情况，从而强化了对电力物资供应链的管控。

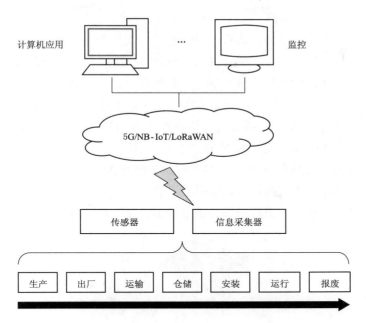

图 4-20　供应链应用情况

4.6.2　资产全寿命周期管理

4.6.2.1　资产全寿命周期管理应用需求

电力资产完整的生命周期历经规划、设计、建设、购置、运行、维护，直至退役报废，时间跨度一般在十几年甚至数十年以上。传统的电力资产管理方式为非自动化方式，通常以纸张文件为基础的系统来记录、追踪管理；少数用到条形码实现资产的识别与管理；但效率都极其低下。随着资产数量的增加，极大地加重了管理人员的负担，同时也增加了资产管理的难度，常常造成数据不及时、出错率高等问题。

在资产管理技术方面，一维条码/二维条码等传统自动识别技术在物品分类贴标管理方面也得到了广泛的应用。但是条码技术本身依赖于可见光扫描反射、识别率低、条码容易折损玷污、存储信息量少，一般只标识某一类产品，从而影响了其在资产管理过程中的广泛应用。

4.6.2.2　资产全寿命周期管理应用现状

电力资产全生命周期管理从设备的整个周期和系统出发来实现设备资产的最大效益。无线射频识别技术通过无线电信号识别特定目标并读写相关数据，无需在识别系统与特定目标之间建立机械或光学接触。目前，电力资产管理主要采用超高频 UHF RFID 技术，相比于其他频段的 RFID 技术，其电子标签系统具有识别距离远、可多标签同时识别等显著特点，可以满足资产管理过程中的大批量多标签可靠识别。将 RFID 物联网技术应用于电力企业的资产管理过程中，能够提高资产盘点的效率、提升管理手段、使资产管理的内容更为全面，与传统的资产管理手段对比有较大的优势。随着技术的发展，该技术不仅可用于资产管理过程中，在电力企业的运行中将有更广泛地运用。

　　基于 RFID 的资产管理如图 4-21 所示，主要采用移动式 RFID 手持机和固定式读写器来完成实现对贴有电子标签的电力资产进行管理。在实际应用中，为实现物联网 RFID 电子标签芯片唯一身份编码（以下简称 RFID 编码）在全周期工程资产管理中的应用，需要在规划计划阶段完成设计编码、项目编码、物料编码、设备类型编码、资产类型编码与 RFID 编码的关联。除了电力资产的仓库管理外，还会涉及资产的调拨等环节的信息化管理。固定式读写器通过 COM 口/以太网口将数据上传到后端工作站，本地工作站向后台数据库进行数据的交互请求，请求验证通过后，完成对出入库的数据库操作。该技术以 ERP、设备信息管理系统数据为依据，将 RFID 标签粘贴在设备上，进行设备信息的存储、免接触批量读取和数据传递，可以实现对设备资产安全管理及动态跟踪管理，有效提高账、卡、物相符率，从根本上解决设备信息数据采集、传输及安全问题。

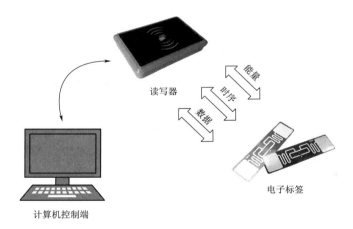

读写器

能量

时序

数据

电子标签

计算机控制端

图 4-21　基于 RFID 的资产管理

第 5 章

低功耗无线传感网在电力行业
应用的挑战与价值

5.1 机 遇 与 挑 战

电力行业作为重要的国民经济基础性行业，是社会发展的重要能源之一。随着我国电力行业的建设步伐和规模越来越大，对电力生产和传输的安全性、可靠性、能效性等方面的要求日益提高。城市化趋势和国民经济的迅猛发展，使得工业用电和居民用电需求持续保持增长态势，一方面给电网施加了更多的压力，另一方面也促进了整个电力行业的积极发展。低功耗无线传感网对电力行业的信息通信、智能管理和采集控制提供了重要的数字化基础设施，它为精细化、智能化管理与决策提供了感知、传送、基于前端的分析和反向控制功能，助力传统电网转型升级，支撑新型智能电网安全稳定运行。

无线传感网的最大优势是协同通信。相比于传统通信方式，无线传感网具有灵活快速地部署、且设备成本低的优点。无线传感节点可以安装在新型电力系统中一些需要被监控的重要设备上，以便实时监控设备的运行状况，将监测到的信息上传到集中处理平台，智能电力系统可以根据信息参数的变化，及时发现设备故障，主动处理各种事故。因此，无线传感网使得电力系统中嵌入式设备的低成本监控成为可能。在这方面，无线传感网辅助创建高度可靠和自愈的智能电网，通过适当的操作快速响应在线事件。无线传感网在新型智能电力系统的现有和潜在应用方面应用范围十分广泛，包括电力设备的故障诊断、用户的无线自动抄表、远程系统监控等。这些设计的实现和应用直接取决于无线传感网的可靠通信能力，但实际的电网环境复杂多变，一些输变电场景的地理环境极为恶劣，对无线传感网可靠性的要求又比较高，这给无线传感网在电力智能系统中的应用带来了严峻的挑战。目前面临的挑战包括下述几方面。

5.1.1 低能耗

无线传感网是由数个传感终端节点组网构成，终端节点设备一般采用电池作为电源供电，一旦电源能量耗尽，工作人员很难及时更换电源，所以无线传感网中的每个传感节点，在工作运行过程中尽量降低自身能源消耗，在有限电源能量的情况下，尽量延长正常工作运行时间，因此，低能耗是无线传感网最首要的设计目标。此外，我们逐渐迈入了万物互联的时代，在电网的物联网业务场景中，无线传感终端的数量呈现指数型增长趋势，无线传感网既需要满足海量网络连接的需求，同时也要尽可能降低能耗，这对无线传感网来说是一个巨大的挑战。海量连接会增加网络的冲突，提高功耗，要实现低功耗，却又难以避免地降低了信号质量，导致传感终端节点联网不稳定。故而，需要平衡低功耗和大连接这两个需求，结合电力物联网的实际应用场景和需求，研究适用于电力场景的无线传感网。

5.1.2　实时性

无线传感网的应用大多要求实时性比较好。传感网络能够在较短的时间内获取到需要的监测值，反映当前实时的监测情况，若其反应时间过慢，得到的数据容易失效。此外，未来电网各业务场景采集数据量和维度都呈现爆发式增长。电力物联网传输海量数据时，对带宽的要求增加，传感终端将监测到的各类数据通过汇聚和接入节点上传到后台的电力物联智能管理平台进行处理，这个过程耗费时间，如遇到对实时性要求较高的业务时，现在的无线传感网还无法满足。

5.1.3　低成本

为提高无线传感网的实用性，需要降低其建设和维护成本。①可以从组成无线传感网的传感终端节点着手，对网络通信协议和系统架构进行合理实用的设计；降低对传感终端节点的通信、存储、运算能力等方面的要求，从而以点到面，减少成本开销；②设计具备自动修复和自动配置的无线传感网，整体成本可随着维护系统管理的开销的减少而降低。

5.1.4　安全和抗干扰

随着电力物联网的迅猛发展，电力系统中发、输、变、配、用电各环节接入的终端数量急剧上升，传感终端采集数据并将数据传输到智能平台进行处理的过程中，均易被非法分子入侵和攻击。一方面，传统的安全防护已经不能适应新的变化和需求，由于目前的传感终端设备种类很多，遵从不同的通信协议，分布安装在多个地理位置上，以上因素都导致终端接入方面存在的安全问题和困难，给电力无线传感网的安全稳定运行施加了极大的压力；另一方面，偏远地区的电网，很多传感节点会随着电网设备布置在恶劣的环境中，如浸水、管廊、寒冷、高温等环境，需研发设计合理的传感节点内部电路和外壳，使得节点在极端环境下仍能正常地抗干扰运行，采集数据并上传。

5.2　典 型 应 用 场 景

无线传感网适用于电力系统中的多个场景，一些环境条件复杂严苛的输、变、配电环境中（如配电站机房或高压输电网），安装传感终端节点进行实时监控，可以减少工作人员的检测次数，降低手动操作的危险性，无线传感终端节点免去了有线监控的布线环节，降低了检测成本。类似的电网应用场景还有很多，以下介绍三种典型应用场景。

5.2.1　场景 1：输电线路监测

输电线路是电网中举足轻重的一环。输电线路网部署范围大、距离远，还会不可避免地架设在戈壁或杳无人烟的地方。输电线路安全监测的传统方式为人工巡检，需要工作人员到实地检测线路有无故障或老化等安全隐患，这种方式对人力要求多、劳动强度大，并且人力测量精确度偏低，无法实时发现故障，如导线舞动、输电线路断线、跳闸等安全事故。

无线传感网集合了嵌入式、无线通信及传感器等多种技术。可以通过多个种类的传感终端组网来采集信息，实时在线监控输电线路重要参数的变化情况，将采集到的信息无线传输到变电站后台管理系统，智能管理平台综合上传的信息，诊断当前输变电线路的情况，保障线路的平稳正常运行。

架空输电线路监测场景如图 5-1 所示。通过在架空输电线上部署传感终端来监测输电线路状态，如光纤复合架空地线微风振动监测、地线微风振动监测装置、导线上的微风振动监测装置和舞动监测装置等各类传感器，这些传感器通过无线传感网连接到部署在电塔的网关，通过网关的远程通信传输到数据处理中心，完成电力导线/地线振动、风偏、杆塔振动、偏斜，导线覆冰、舞动，以及微气象、视频等相关信息采集。

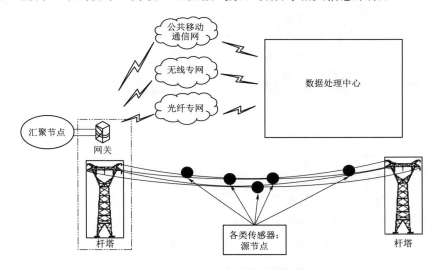

图 5-1　架空输电线路监测场景

5.2.2　场景 2：智能配用电一体化应用

智能配用电在电力系统中也是一个重要的环节。智能配用电业务主要由配电自动化、电能质量监控、配电监控业务和分布式电源控制四种业务构成。智能配用电网是电力系统中与电力用户直接接触的部分，集成来自用户的电力数据信息、地理环境、电力设备监测信息以及配用电网络结构等，根据这些信息，运用人工智能网络技术进行处理和分析，实时地控制和监测网络运行情况，并预判事故的发生概率，及时处理意外事件，保护整个网络平稳运行，避免大面积断电等重大事项。

智能配用电自动化系统可以分为通信系统、主站以及自动化检测控制终端设备三部分。这三部分相辅相成，共同构成了一个完整的信息传输处理系统，可以远距离监控和管理配用电网的工作。通信系统是实现数据传输的关键和核心，配用电网的通信网现在主要选择光纤进行接入，部分选择无线接入方式，目前存在的问题是有线电缆建设成本高、施工周期长和施工难度大，无线接入又会受到建筑物的遮挡，同样受制于基站位置，存在一定盲区。但是无线传感网有望实现智能配用电通信网的末端大范围延伸覆盖，节省有线设施的搭建费用，提高智能配用电系统的灵活性。配用电自动化系统结构如图 5-2 所示。

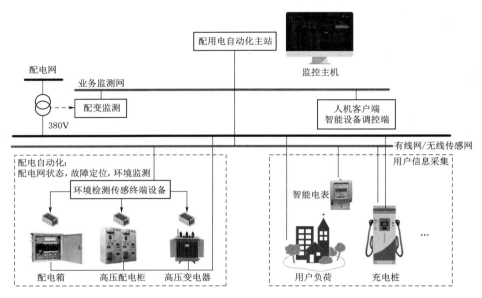

图 5-2　配用电自动化系统结构图

5.2.3　场景 3：智能变电站

智能变电站中包含一些辅助的系统，如消防安全系统、采暖通风系统等，这些系统协助变电站进行正常工作，对变电站的稳定安全运转具有显著的支撑作用。

变电站智能辅助系统如图 5-3 所示，可以在辅助系统中选择无线传感的方式进行感

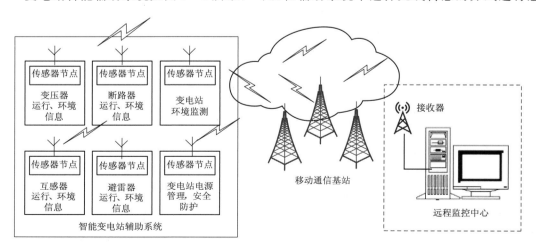

图 5-3　变电站智能辅助系统

知、检测和通信。无线传感网的运用，有助于变电站向智能化方向转型。通过无线传感网可以贯通变电站各环节系统，达到信息融合、交互，智能变电站通过采集各部分的信息，能够智能化地完成一些设置或控制功能，弥补了人力工作的非实时性和精准度不够的缺陷，有助于加强工作人员对变电站的整体控制。相比旧的变电站辅助系统，添加了无线传感网的辅助系统，具备更加优良的设备管理系统和工作模式，增强了子系统间的交流和协助，使得辅助系统能够更好地配合变电站的日常工作，形成一个有机的整体。

5.3　应　用　价　值

电力系统在发、输、变、配、用电各个环节中都配有大量的电力设备，如图5-4所示。实时监控这些电力设备的工作状态，采集重要的参数数据并传递给工作人员，能够有效地帮助工作人员及时判断各环节是否正常工作，有无潜在风险隐患。因此，部署传感终端，构建连接各环节内安装的传感终端节点的无线传感通信网具有重要意义。随着器件水平的发展和相关通信协议研究的深入，低功耗、低成本的无线传感网在电力系统中具有越来越重要的应用价值。

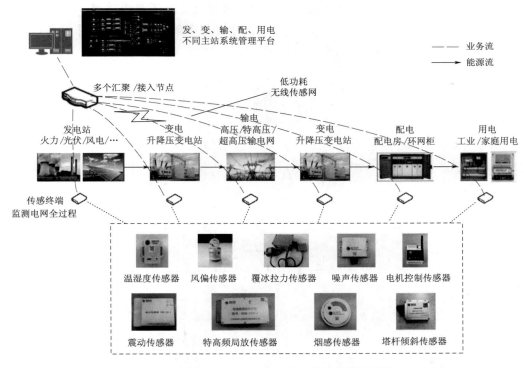

图5-4　发、输、变、配、用电环节无线传感网

发电侧，发电站的发电情况会受到环境因素的影响，譬如风力发电站，发电情况受到风力风向的制约，一些小动物的碰撞也会对发电造成干扰。在发电站搭建无线传感网，利

用传感终端实时监控，并将拍摄的音视频信息发送给工作人员，有助于工作人员及时识别干扰因素，做出适宜的保护和应对措施。

输变电承担着为居民或工业用户输送电力的关键任务，一旦发生大面积的故障，将给居民或工业用户带来生活影响或经济损失。因此，必须及时地监测输变电线路的工作情况。传统方式采用人工定时巡检或有线监测方案，存在的问题是人工难以全天候、全方位地监控线路运行情况和周边环境变化，而且一些高压或环境恶劣的地方，人力巡检也存在一定的危险性，有线监测存在难以布线的困难，且布线成本高。低功耗无线传感网有望解决以上问题，将无线传感终端安装在需要监测的电力设备上，采集电流、温湿度、覆冰拉力、风力等数据，并将数据传至后台分析整合，可以在线观测输变电工作情况，及时发现事故隐患。

配电网连接用户设备，电压较低。我国幅员辽阔，如果采用光纤入户方式，一是成本太高，二是受到环境因素的制约，铺设光缆存在种种难题。低功耗无线传感网是电网通信"最后一公里"的有效延伸方案，可以接入海量用户电力设备，能够实现配电自动化、线路故障定位及报警、配电网的隐患监控、电能质量检测及配电线路巡检等。

目前，智能电网在用户侧安装传感终端，采集之前没有利用的边缘用户数据，并将采集到的数据整合分析后反馈到电网的其他环节，通过低功耗无线传感网，联通电网各环节，使得发输变等电力环节可以根据其他环节的信息来调整当前环节的工作状态，从而降低电力损耗，减少能源消耗，如图 5 - 5 所示。

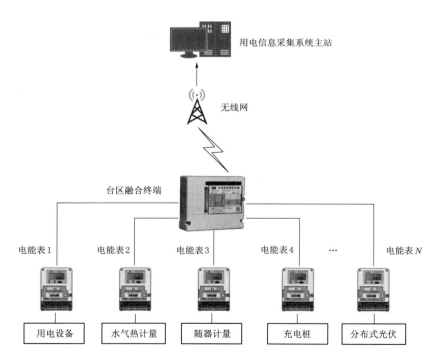

图 5 - 5　用电信息采集架构图

除发、输、变、配和用电环节的应用，灾变事故的预测和处理也离不开无线传感网。譬如无线传感网冰灾预警系统将传感终端安装在适宜的输变电线路上，利用传感节点采集导线覆冰拉力、温度等数据，通过无线方式将数据传送到监控平台，平台整合分析上传的数据，预测现场状况，并及时地制定保护和应对方案，将经济和人员损失降到最低。

5.4　典　型　应　用　设　计

5.4.1　变电站应用

在变电站内电力设备上安装传感终端，搭建联通多个传感终端节点的无线传感网络。无线传感网可以覆盖整个变电站，网络结构一目了然，增添或去掉某个传感节点，几乎不影响其余节点和网络的工作，成本低。同时，无线传感网可以整合变电站内的各类信息，有助于变电站形成有机的整体，便于管控。

在变电站的设备检修中，无线传感网扮演重要角色，如图5-6所示。无线传感网不需要额外拉线连接监测终端，网络结构灵活，方便应用。传感终端节点可以集成精密电压或电流、温湿度、位移、A/D转换、射频等传感器，增添控制电源、信息调理等功能，加强无线传感网收集和处理数据的能力。

图5-6　基于无线传感网的变电站设备检修

变电站内还有很多辅助系统，如消防安全防范系统、采暖通风系统、视频监控系统、给排水系统等。普通的变电站受限于建设年代、技术、成本等因素，对辅助系统的重视程度较低，其辅助系统在信息交流方面大多孤立。智能变电站则更关注信息采集的标准化和应用的智能化。将无线传感网与辅助系统相结合，可以将多个辅助系统通过无线传感网连接在一起，形成一个完备的信息化系统，达到各子系统信息交流共享和后台统一管控的目标，如图5-7所示。

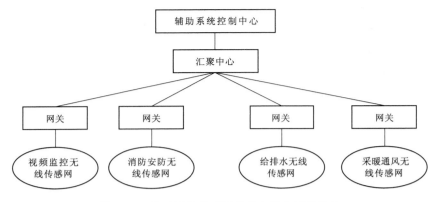

图 5-7 基于无线传感网的变电站内辅助系统

5.4.2 电能质量监测

无线传感网可以在杆架式变压器上安装传感终端节点，实时采集其电流等重要数据。受限于传输的成本，设定每隔 30min，传感节点将采集到的杆架式变压器的各种数据通过无线多跳网络上传到远距离的后端监控平台。电能质量监测系统收集电压不正常的突发上升或下降的变化等影响电能质量的数据，实时把控电能质量的状况，预测并判断是否发生了故障，并根据已有的资料设计提高电能质量的措施。在扩展电能质量监控系统时，需要综合测量、控制、数据库等各因素。一般情况下，电能质量相关的数据，必须定时采集并上传到电能质量检测系统平台，保障系统的安全稳定运转。

电能质量监测系统包括部署在电力系统重要设备上的监测节点（传感采集终端节点）、本地监控中心（汇聚节点）和远距离监控系统平台三部分，如图 5-8 所示。检测节点和本地监控中心可以形成局部的无线传感网，搭建网络时可以采用 LoRa 技术或者 ZigBee 技术。本地监控中心利用无线公网将数据远程传输到远距离的电能质量监控系统平台。

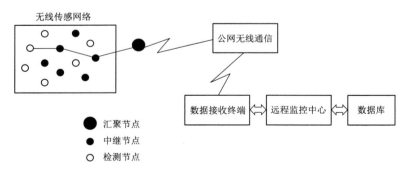

图 5-8 基于无线传感网的电能监测系统总体图

5.4.3 基于无线传感网的电力塔监测系统

高压电主要依靠电力塔杆和电力输电线输送到各地，由于我国幅员辽阔，电线的铺设往往需要几百甚至上千公里的距离。无线传感网一般属于短距离的通信方式，其最远的传输距离只有几公里，想要基于无线传感网搭建输电线和塔杆的智能监测系统存在困难。一个有效的方案是勘探塔杆或输电线周边是否有较近距离的公网，以能连接到公网的位置为中心，将周边几公里的范围确定为一个小区域，在这个区域内设置无线传感终端节点，搭建无线传感网。利用无线多跳网络等方式，将多个节点的数据传输到局域网内的汇聚节点，之后通过公网向远距离的后端监控平台传输数据。

此外，在实际安装传感终端节点时，需要根据具体的环境、监测的需求来确定合适类型的传感终端，譬如温湿度传感终端或导线覆冰拉力传感终端等。终端节点的电源可采用微源取能技术等方式，塔杆节点可采用太阳能供电，输电线节点可以利用导线电流进行电磁感应供电等。灵活的无线传感网设置有助于更加贴合实际需求。基于无线传感网的电力塔监测系统整体结构如图 5-9 所示。

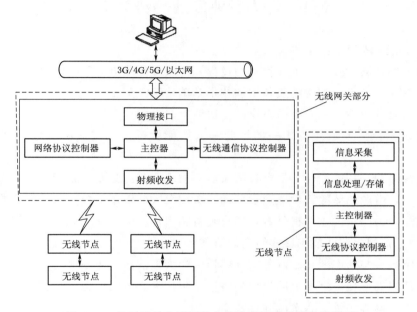

图 5-9　基于无线传感网的电力塔监测系统整体结构图

第 6 章

低功耗无线传感网在电力行业的应用发展趋势

6.1 电力行业发展趋势分析

6.1.1 电力系统转型带来的变化

电力系统实现碳达峰、碳中和目标的过程，伴随着传统电力系统向以新能源为主体的新型电力系统转型升级，相关物质基础和技术基础持续深刻变化。

（1）一次能源特性变化。电力系统的一次能源主体由可存储、可运输的化石能源转向不可存储或运输、与气象环境相关的风能和太阳能资源，一次能源供应面临高度不确定性。

（2）电源布局与功能变化。根据我国风能、太阳能资源分布，新能源开发将以集中式与分散式并举，电源总体接入位置愈加偏远、愈加深入低电压等级。未来新能源作为主体电源，不仅是电力电量的主要提供者，还将具备相当程度的主动支撑、调节与故障穿越等"构网"能力；常规电源功能则逐步转向调节与支撑。

（3）网络规模与形态变化。西部、北部地区的大型清洁能源基地向东中部地区负荷中心输电的整体格局不变，近期电网规模仍将进一步扩大。电网形态从交直流混联大电网向微电网、柔直电网等多种形态电网并存转变。

（4）负荷结构与特性变化。能源消费高度电气化，用电需求持续增长。配电网有源化，多能灵活转换，"产消者"广泛存在，负荷从单一用电朝着发/用电一体化方向转变，调节支撑能力增强。

（5）电网平衡模式变化。新型电力系统供需双侧均面临较大的不确定性，电力平衡模式由"源随荷动"的发/用电平衡转向储能、多能转换参与缓冲的更大空间、更大时间尺度范围内的平衡。

（6）电力系统技术基础变化。电源并网技术由交流同步向电力电子转变，交流电力系统同步运行机理由物理特性主导转向人为控制算法主导；电力电子器件引入微秒级开关过程，分析认知由机电暂态向电磁暂态转变；运行控制由大容量同质化机组的集中连续控制向广域海量异构资源的离散控制转变；故障防御由独立"三道防线"向广泛调动源网荷储可控资源的主动综合防御体系转变。

6.1.2 电力系统转型面临的问题与挑战

1.电力供应保障

（1）保障供应充裕的基础理论面临挑战。在全球气候变化、可再生能源大规模开发的背景下，可再生能源资源禀赋在长期演化过程中会发生显著变化。电源、电网的规划决策面临资源禀赋和运行双重不确定性且具有明显的路径依赖性。上述特征为传统资源禀赋评估与规划理论带来重大挑战。

（2）新能源小发时保障供应难度大。随着新能源发电的快速发展，可控电源占比下降，新能源大装机、小电量特性凸显，风能、太阳能小发时保障电力供应的难度加大。在碳中和阶段，火电占比将进一步下降，新能源装机规模持续提升，而负荷仍将保持一定增长，实时电力供应与中长期电量供应保障困难更加突出。

（3）罕见天象、极端天气下的供应保障难度更大。日食等罕见天文现象将显著影响新能源出力，随着全球变暖，飓风、暴雪冰冻、极热无风等极端天气事件不断增多增强，超出现有认知。罕见天象与极端天气具有概率小、风险高、危害大的特征，在新能源高占比情景下的影响极大，推高供电保障成本。

2.系统平衡调节

（1）供需平衡基础理论面临挑战。随着新能源占比的持续提高，供需双侧与系统调节资源均呈现高度不确定性，系统平衡机制由确定性发电跟踪不确定负荷转变为"不确定发电与不确定负荷双向匹配"。供需双侧运行特性对气候等外部条件的依赖性较高，针对传统电力系统建立的供需平衡理论亟须发展完善。

（2）日内调节面临较大困难。新能源出力的随机波动性需要可控电源的深度调节能力予以抵消，电力系统现有的调节能力已基本挖掘殆尽，近期仍需更大的调节能力以满足新能源消纳需求。远期新能源成为主力电源后，依靠占比不断下降的常规电源以及有限的负荷侧调节能力难以满足日内消纳需求。

（3）远期季节性调节需求增大。新能源发电与用电存在季节性不匹配，夏、冬季用电高峰期的新能源出力低于平均水平，而春、秋季新能源发电功率较大时的用电水平处于全年低谷。现有的储能技术只能满足日内调节需求，在新能源高占比情景下，季节性消纳矛盾将更加突出。

3.安全稳定运行

（1）稳定基础理论面临挑战。新能源时变出力导致系统工作点快速迁移，基于给定平衡点的传统李雅普诺夫（Lyapunov）稳定性理论存在不适应性。新能源发电有别于常规机组的同步机制及动态特性，使得经典暂态功角稳定性定义不再适用。高比例的电力电子设备导致系统动态呈现多时间尺度交织、控制策略主导、切换性与离散性显著等特征，使得对应的过渡过程分析理论、与非工频稳定性分析相协调的基础理论亟待完善。

（2）控制基础理论有待创新。传统电力系统的控制资源主要是同步发电机等同质化大容量设备，而在新型电力系统中，海量新能源和电力电子设备从各个电压等级接入，控制资源碎片化、异质化、黑箱化、时变化，使得传统基于模型驱动的集中式控制难以适应，需要新的控制基础理论对各类资源有效实施聚纳与调控。

（3）传统安全问题长期存在。在未来相当长的时间内，电力系统仍以交流同步电网形态为主，但随着新能源大量替代常规电源，维持交流电力系统安全稳定的根本要素被削弱，传统的交流电网稳定问题加剧。例如，旋转设备被静止设备替代，系统惯量不再随规模增长甚至呈下降趋势，电网频率控制更加困难；电压调节能力下降，高比例新能源接入地区的电压控制困难，高比例新能源受电地区的动态无功支撑能力不足。电力电子设备的电磁暂态过程对同步电机转子运动产生深刻影响，功角稳定问题更为复杂。

（4）高比例电力电子、高比例新能源"双高"的电力系统面临新的问题。在近期，新能源机组具有电力电子设备普遍存在的脆弱性，面对频率、电压波动容易脱网，故障演变过程更显复杂，与进一步扩大的远距离输电规模相叠加，导致大面积停电的风险增加；同步电源占比下降、电力电子设备支撑能力不足导致宽频振荡等新形态稳定问题，电力系统呈现多失稳模式耦合的复杂特性。在远期，更高比例的新能源甚至全电力电子系统将伴生全新的稳定问题。

4. 整体供电成本

新能源平价上网不等于平价利用。除新能源场站本体成本以外，新能源利用成本还包括灵活性电源投资、系统调节运行成本、大电网扩展与补强投资、接网及配网投资等系统成本。国内外研究表明，新能源电量渗透率超过 10%～15% 以后，系统成本将进入快速增长的临界点，未来新能源场站成本下降很难完全对冲消纳新能源所付出的系统成本上升。随着新能源发电量渗透率的逐步提高，系统成本显著增加且疏导困难，必然影响全社会供电成本。

6.1.3　电力系统转型趋势

1. 技术形态

在未来较长的时间内，电力系统仍将以交流电技术为主导，主要原因为：

（1）当前全国电力系统资产规模超过 16 万亿元，90% 的在运煤电装机容量投产不满 20 年，庞大的存量系统仍以交流电技术为基础，不可能"急刹车""急转弯"。

（2）未来火电、水电、核电等同步电源装机容量和发电量的占比均在不断下降，但仍占据相当的比例，如到 2060 年同步电源预计仍占据装机容量的 25%、发电量的 44%，主要以"大开机、小出力"方式运行（出力占比可达 79%），为电力系统提供必要的调节与支撑。

因此，未来的电力系统必将在传承中发展，长期保持以交流电为基础的技术形态，基本原理、技术要求不会发生根本性改变，交流电网仍是电力系统的网架基础，各类电源直接或间接以交流电技术并入电网。

2. 网络形态

（1）以交直流互联为大电网主干。我国能源资源与需求逆向分布的基本国情，新能源出力的随机性、强时空相关性，都决定了近期交直流互联大电网仍需扩大规模才能满足远距离大规模输电、新能源跨省/跨区消纳平衡的需求。

（2）多种组网形式并存。交流电力系统需要同步电源的支撑，难以适应新能源集中开发、海上风电、大量分布式新能源接入等局部场景。应鼓励发展分布式微网、纯直流电力系统等多种组网技术，因地制宜选择技术路线。

3. 平衡形态

力求以储能为媒介逐步实现发用电解耦。电力系统的实时平衡依赖出力可调的常规电源，而新型电力系统将以出力不可调节的新能源发电为主体，发电侧调节能力显著下降，需要通过需求响应、多能互补等方式充分挖掘负荷侧的调节能力，同步开发能够与电能高效双向转换并可大量、长期存储的二次能源（储能），使"发-用"实时平衡变为"发-储-用"实时平衡。

4. 发展路径

循序渐进构建新型电力系统。能源电力行业技术资金密集，已形成的庞大存量资产不可能推倒重来，适宜采取渐进过渡式发展方式。在新能源快速发展的需求较为迫切，亟须成熟、经济、有效的技术与产品方案来应对相应挑战。着眼远期，当前电力系统的物质基础、技术基础难以匹配新型电力系统的需求，应在大规模储能、高效电氢转换、碳捕集、利用与封存（Carbon Capture，Utilization and Storage，CCUS）、纯直流组网等颠覆性技术方面尽快取得突破；不同的技术将导向不同的电力系统形态，未来发展路径存在较大的不确定性。为此，近期应重点挖掘成熟技术的潜力，支撑新能源快速发展，同步开展颠覆性技术攻关；远期在颠覆性技术取得突破后，推动电力系统逐步向适应颠覆性技术的新形态转型。

6.2 低功耗无线传感网技术发展趋势分析

在 2022 年召开的二十大报告中，习近平总书记提出了"实现高水平科技自立自强，进入创新型国家前列"的既定战略目标。这表明了在 2035 年前，要实现建成科技强国，进入创新型国家前列的目标。值得注意的是，这里强调的是要"建成"，而不是"基本建成"。这就要求在科技创新工作，包括低功耗无线传感网技术科技创新工作中，要完全实现全国产化，做到自立自强。

为了实现这个目标，需要在技术体制、通信方式、芯片甚至操作系统方面都要做到自主可控。

在技术体制方面，从 1895 年马可尼第一次进行室外无线通信实验开始，到现在 6G 无线通信初现端倪，无线通信技术体制基本被西方所主导，主流无线通信标准和规则也主要由西方科学界和工业界控制，世界范围内的通信设备制造商和标准化组织深度耦合绑定，对国产化造成一定障碍。因此在科技自立自强方面首先是要打破由西方主导的无线通信标准化技术体制，积极探索新的通信技术体制，比如区别于 LDPC 和 Turbo 码的极化码编码技术，真正开创以中国为主导的低功耗无线传感网技术体制。

在通信方式方面，根据低功耗无线传感网所面向丰富多样的应用场景，提出多适应性、低复杂度的通信方式，比如组合双工、混合组网等通信方式，减小通信开销，提高低功耗无线传感网的场景适应性。

在芯片方面，要加强低功耗无线传感网通信各产业链整合，优化产业链结构。在通信芯片产业链中，芯片设计、制造和封测环节是通信芯片产业链的基础和关键环节，缺少任何一个环节，芯片就无法生产，尤其是通信方面的芯片，比如滤波器器件，其工艺直接影响通信性能。当前，中国芯片产业链各环节协同度低，尤其是芯片设计与制造环节联系弱，存在"断点"。通过加强对芯片产业各环节的整合，进行优势互补，带动芯片产业上、中、下游环节的发展，提高产品水平。

在操作系统方面，进一步提高国产嵌入式操作系统工作效率、实时性等关系低功耗无线传感网性能的指标，针对通信功能量身定做通信用嵌入式操作系统；另外就是操作系统轻量化，因为通信过程中会引入大量的全局变量和局部变量，这些变量都会占据宝贵的片上内存，因此操作系统本身的代码量需要被压缩，做到轻量化操作系统。

结合应用，低功耗无线传感网未来的发展一定是与其他新技术和应用相互融合的结果，最终将会呈现一个更加智能、开放、安全、高效的"智能传感网"的蓝图。

低功耗无线传感网在未来的创新将主要围绕横向的数据流动和纵向的数据赋能两大方向进行。横向的数据流动创新主要体现在两个方面：①跨层的数据流动，即云、管、端之间的数据流动，以提升效率为主要创新方向；②跨行业、跨环节的数据流动，以区块链技术为代表，以数据一致性为创新方向。纵向的数据赋能包括平台的大数据赋能和边缘侧的现场赋能，实现途径包括基于人工智能的知识赋能、基于边缘计算的能力赋能和为数据开发服务的工具赋能。

人工智能技术将从偏消费类应用向各种非消费类行业延伸，从多个层面加强和无线传感网的融合。人工智能与无线传感网的融合起步于智慧家居、智能硬件、服务机器人等消费领域，目前正在向非消费类应用逐渐渗透，已经在自动驾驶、医疗自动诊断、智能制造、智能安防等众多领域开展应用，正处于规模起量阶段。人工智能对无线传感网的完善目前主要体现在两个方面：

（1）高性能人工智能芯片成为重要载体。随着图像识别、语音识别、车联网等物联网新应用的发展，传统的中央处理器（Central Processing Unit，CPU）架构已经无法满足一些高实时性、高智能化场景中计算的需求，高性能的人工智能芯片成为支持这些场景的重要工具。和需要大量空间去放置存储单元和控制单元而计算单元很少的 CPU 相比，人工智能芯片具有大量的计算单元，非常适合大规模并行计算的需求。当前，常用的人工智能芯片分为 GPU、现场可编程门阵列（Field Programmable Gate Array，FPGA）、专用集成电路（Application Specific Integrated Circuit，ASIC）、类脑芯片四大类，除了英伟达、超威半导体、英特尔、海思等主流芯片厂商外，一些新兴厂商（如寒武纪、地平线、深鉴科技等）已推出相应产品，应用于安防、交通、车联网等大量场景中。

（2）人工智能已纳入各家嵌入式平台的核心模块中。嵌入式平台的功能模块中，人工智能的地位越来越重要，各家平台已将 AI 能力作为其优势，平台的数据积累和算法训练让人工智能在物联网具体场景中有了用武之地。阿里巴巴宣布全面进军物联网时，其搭建的物联网基础设施平台的一大优势就是强大的 AI 能力；百度推出 AIoT 安全方案，通过将 AI 与物联网的结合，为末端无线传感网提供更高的安全解决方案；小米也将"AI＋IoT"作为其生态链和智能家居发展的理念。

边缘计算助力无线传感网赋能，应用探索开始启动。边缘计算不仅可以帮助解决终端应用场景对更高安全性、更低功耗、更短时延、更高可靠性、更低带宽的要求，还可以大限度地利用数据，进一步缩减数据处理的成本。在边缘计算的支持下，大量终端场景的实时性和安全性得到保障，尤其是在一些异构网络场景、带宽资源不足和突发网络中断等网络资源受限场景以及需要高可靠性实时性的场景，边缘计算作用不可替代。"云-边-端"协同实现的纵向数据赋能是边缘计算在无线传感网的最大价值。边缘计算的最大价值是连接无线传感网整体解决方案中终端和云端，形成"云-边-端"协同的效应，提升本地无线连接方案的完善度和体验。主流的云服务厂商如阿里云、亚马逊网络服务（Amazon Web Service，AWS)、Azure 等已经推出对外服务的边缘计算平台，希望无处不在的协同计算为物联网应用赋能，云计算厂商认为其未来的竞争格局是着眼于如何提升"云-边-端"协同竞争力。边缘计算产业正在积极推进，应用开始初步探索。边缘计算不再是一个独立的技术，近年来在产业界的合力推动下，已扩展至硬件、软件、设备、运营商、内容提供者、应用开发者等各个环节，对无线传感网端到端解决方案形成影响。

6.3 电力低功耗无线传感网应用发展形势

新型电力系统建设作为电力行业发展的目标形态，在实现过程对现有电力系统提出了新的要求。

（1）范围更广。新型电力系统涉及的采集控制对象范围更广、规模更大，且逐步向配用侧延伸和下沉，大量对象单点容量低、位置分散。需要统筹开机控制装置的管理，优化配置策略，提升采集控制有效性。这要求低功耗无线传感网能够实现电力设备、资产及物资全环节无死角联网监控。通过类似 RFID 等标签类无线传感网终端，实现设备及物资身份信息、属性信息甚至位置信息的读写和实时更新。这对无线传感网的成本、取电、复杂度都提出了新的要求。

（2）环节更多。新型电力系统源网荷储各环节紧密衔接、协调互动，打破了传统电网业务依赖于分环节、分条块数据应用的边界。需要统筹汇聚、应用全网采集控制数据，应对新能源处理不确定性带来的平衡难题。传统电力系统源网荷储各环节负荷及潮流单一，无线传感网只需将局部采集到的数据上报给控制中心，由控制中心将指令下发给各个控制终端，但是新型电力系统带来了发电功率随机的分布式新能源，其源荷二象性极大地提高了电力系统潮流预测的复杂性，这要求无线传感网感知数据的颗粒度、广度和维度更高，需要根据分布式能源具体工作场景，如高海拔、地下、严寒、高热、高湿度、干燥等实际场景提出对应的解决方案，即对无线传感网复杂工况下工作条件要求更高。

（3）时效性更强。新型电力系统业务的开展需要全环节海量数据实时汇聚和高效处理，对数据采集、传输、存储、使用提出更高的时效性要求。需要统筹提升感知采集频率以及计算算力、网络通信和安全防护，共同提供支撑。电力系统各环节感知环节的增多，对电力各环节感知动作要求更快的频率和反应速度，以达到对分布式新能源状态瞬息变化的及时响应。这要求无线传感网能够打破业务之间的屏障，在不同业务无线传感网之间能够实时调控通信及算力资源，实现数据本地分析，提高无线传感网智能化水平，降低对主干通信网和云端的计算负担，提高对实时及突发业务的反应能力。

（4）随机性更强。新型电力系统电源侧和负荷侧均呈现强随机性，对电力系统安全稳定运行提出更高要求。需要统筹优化拓展现有控制方式，应用多种控制策略、控制渠道、建立灵活、可靠、经济的控制手段。在无线传感网方面，要从传统的无线为主，向工业智能传感网方面转变。传统无线传感网多以采集信息为主，多为上行单向数据流，且对数据可靠性要求不高，但在随机性更强的新型电力系统建设中，要求末端通信网还能够起到对下行调整数据传输的作用，通过末端传感器采集状态数据，对状态数据进行分析，通过分析结果形成对应的响应策略，然后将响应策略反馈给控制终端，形成闭环结构。这就要求无线传感网能够提供更可靠的传输通道。

（5）服务更多元。新型电力系统采集控制在支撑电力系统安全稳定运行的同时，也要服从国家"双碳"目标的落地。需要统筹电、碳数据采集和相关应用需求，支撑碳监测、碳核查和碳交易等应用。新型电力系统最终是为双碳目标服务，为了精准调配分布式能源与多种负荷需求，要求加大加深对各行业碳排放和能源需求的监控深度和精度，提高无线传感网的应用广度，加强无线传感网与各行业的融合。

第 7 章

总 结 与 展 望

7.1　电网设备状态感知现状

实现电网设备状态及运行环境实时监测，及时发现并处理安全隐患，变被动抢修为主动运维，是提升电网安全运行水平、保障供电可靠性的关键。

随着电网数字化、智能化建设的推进，设备状态感知需求急剧增加、涉及区域多元化，传统有源有线状态感知技术成本高、部署灵活性差的问题日益凸显。

电力单点感知数据的价值低，聚合后价值高，传感网络是实现阵列感知和数据融合的基础。

低功耗无线传感网络是电网设备状态感知的重要方向。

目前低功耗无线传感网络技术在电力领域的应用还处于1.0阶段，未来也会向感传一体化、感知与通信的深度融合方向发展。

目前，针对低功耗无线传感网技术的应用，已实现电力传感器在输电、变电以及配电等环节的规模化应用，基于微气象、温度、杆塔倾斜、覆冰、舞动、弧垂、风偏、局放、介损、绝缘气体、泄漏电流、振动及压力等多种传感器及智能终端的广泛部署（如图7-1～图7-3所示），实现对电气主设备状态、环境与其他辅助信息的采集，支撑电网生产运行过程的信息全面感知及智能应用。

电网设备状态感知的全过程，需要首先通过传感器中的敏感材料，将电力设备在运行过程中所反映的声、光、电、磁、热、力等物理量转换为电气量，然后通过对电气量信号的特征分析来建立起特征信号和电网设备状态的表征关系，从而实现对电力设备状态的感知。

　（a）杆塔倾斜　　　　　（b）局部放电　　　　　（c）配电柜进水　　　　　（d）导线覆冰

图7-1　典型电网感知业务应用

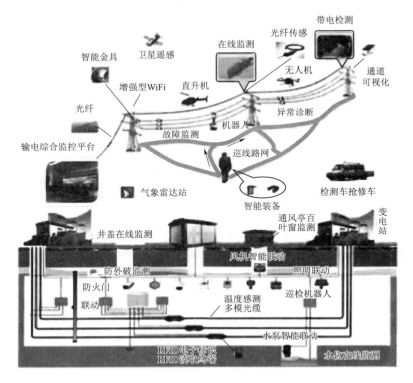

图 7-2　智慧输电线路立体感知应用

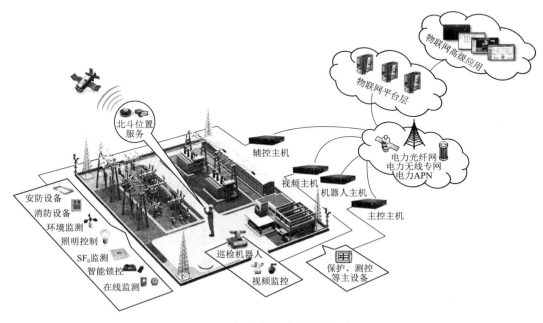

图 7-3　智慧变电站物联感知应用

　　针对电力发输变配用典型应用场景，以及 20 余项状态监测类国网公司技术标准，分析整理窄带状态监测业务，根据测算结果可得到，若采用无线传感网络技术实现在线监测，单网络应支持无线传感器个数不小于 100 个，单个无线传感器物理层最大通信速率不小于 3kbit/s，一般数据上报周期在 10min 到数个小时不等。

　　分析发电站、换流站、输电线路、变电站、配电台区等应用场景特点，发现若无线传感网络采用传统星形结构，单跳通信距离须大于 1km，不利于减低传感器功耗，且因为遮挡、通信距离等原因，易导致因通信可靠性差带来的通信终端中断。

　　另外在如高压输电线路、变电站设备间等郊外和特殊场景，均存在取电难的问题，物联传感器需免维护运行 6～8 年，这对于依靠电池和自取能方式供电的传感器功耗极为苛刻，要求传感器终端运行平均功耗在微瓦级，而通信功耗占比约为终端功耗的 40%～80%，典型传感器的通信功耗占比如图 7-4 所示。典型变电站应用场景电力运行特点：块状，占地面积小于 5hm²（500m×100m），多金属类遮挡物，高压取电难。典型输电线路应用场景电力运行特点：链状，包含线路和杆塔，杆塔间距 300～400m，视距传输，多个杆塔之间预留光纤接入盒，高压取电难。典型变电和输电场景如图 7-5 所示，实现无线传感网超低功耗尤其关键。

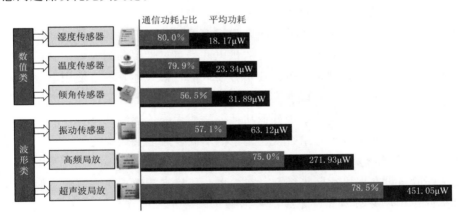

图 7-4　典型传感器的通信功耗占比

（a）变电站

（b）输电线路

图 7-5　典型变电和输电场景

现有低功耗无线传感网技术主要包括 LoRa、ZigBee、蓝牙等，其通信速率、传输距离、功耗、网络架构、接入节点数等均非针对电力感知应用场景量身定制，应用于电网设备状态及运行环境监测时功耗仍有极大的下降空间，且部分技术的核心知识产权尚未实现自主化。

7.2　无线传感网在电力领域应用中亟须解决的关键问题

无线传感网在电力系统中的应用前景非常广阔，可用于配电自动化、用电营销、电量采集、仓库管理、电力设施状态监测、电动汽车等。如果要应用于电力系统，必须考虑供电可靠性、二次安防、带宽、信息传输时效、绕射能力、运行稳定性等许多电力系统的特殊要求，需要考虑如何解决以下问题。

1. 如何合理有效地利用供电方式和实现低功耗传输

无线传感网的一大特点是没有数据传输线，方便部署，如果能同时通过使用电池实现全无源，在施工建设的便捷性上则更显优越。无线传感网的节点分采集、汇聚和中心几类，是使用直流供电还是交流直接供电，或是使用电池内部供电需要根据实际使用场景和节点功耗来确定。首先，电力开关站等场合里需要数据采集频率高、长时间在线，如使用电池供电，恐工作时间得不到保证，如交流供电，恐可靠性得不到保障；其次，在很多特定的场合和需求下，节点在现场部署往往不方便取电，最终还是需要使用电池供电，如电池供电，功耗高低和电池容量关联性大，电池容量和设备体积关联性大；因此，需深入研究低功耗的待机算法、组网算法、硬件低功耗方法、无线传感网几类节点的供电方式要和低功耗算法配合验证实际效果，结合使用场景的不同，才能最后确定。

2. 如何根据使用场景确定无线频段和选择适当的天线型号

开关站一般布设在居民小区等场合，在一楼、一楼半或地下室。面积一般为几十到几百平方米左右。在开关站内部，无线信号传输影响极小。但在室外，比如与远端的变压器、路灯通信时，就涉及建筑物、植被、墙壁的遮挡，杂波、衍射等现象非常严重。需要研究和测试这些情况下射频通信的影响及针对性解决方案。无线电波的频率越高，波长越短，绕射越差，需要根据情况进行天线类型选择，为全向天线还是定向天线；天线分级还是不分级等。如果天线引出，需要考虑馈线损耗及塔放等技术与设备。因为要提高传输距离和绕射能力，无线频段的选择也需要专题讨论和论证。目前无线传感网常用的频段有 2.4GHz 全球通用频段、902～928MHz 北美频段，433～470MHz 频段是国内仪器仪表公用免费频段，470～512MHz 是国家电网计量频段。各频段有自己的绕射能力和对应的传输距离，需要在开关站测试从而选定频段，平衡好传输距离和绕射能力的关系，还要避免和其他系统的干扰。

传感网的特点是低成本、大容量。实际中的系统速率并不高，一般为 20～250kbit/s。当大量数据接入系统后，数据实时性会大受影响。电力低速数据网内除了配电系统内的环境数据、设备数据、路灯数据，还会有电动汽车的实时数据。这就需要系统支持多种数据优先级和信道划分。目前最先进的技术是使用信道划分技术。对于静态节点和动态节点使用不同信道并发工作。为避免相同信道引起的同频干扰问题及降低碰撞侦听的碰撞概率，需要使用自动搜频和信道部署技术，需要研究性能最好的信道部署和分布技术，即避免同频干扰问题，同时减少搜索的概率。蜂窝网最大的干扰是同频干扰，因此，蜂窝间的信道分布、信号覆盖范围，以及引入的信道搜索是要考虑的问题。

3. 如何现场勘测和对比理论数据

无线通信中信号分布和覆盖因为受到环境、建筑、植物材料吸收、反射等影响很大，所以需要将各种场合和环境下的施工指南和施工方法预先测定和确定，需要使用专用仪器、设备进行勘测、分析、测试，对比理论数据研究和确定相应的工程方法。

4. 如何设计在电力环境中使用的传感器网络设备的物理结构

传感器网络设备在电力生产环境中使用，物理结构要做到体积小、安装简便美观；元器件选择总体要考虑防水、防尘、防电磁干扰、防窃听的特殊要求，在北方还要考虑防冰冻，在南方要考虑防潮、防凝露、防高温。此外，还需要研究新材料和微纳工艺，从而研发微型化、集成化、低功耗的无线传感器，提升传感终端与电气设备的集成度，为低功耗无线传感网提供低成本低功耗的微型智能传感终端。

5. 如何针对电力宽窄带业务共存的局面提出对应的解决方案

目前输变电无线传感网还属于窄带通信系统，传输速率远无法满足图像监测、机器人巡检、海量传感器接入等数据传输需求，亟须开展宽带无线传感网标准化接入与组网技术研究及基于定制化通信协议的宽带无线传感网通信装置研制，解决输变电宽带终端的接入难题。目前输变电无线传感网缺少宽窄带终端接入全覆盖与统一高效管理的能力，易造成宽窄带数据发送冲突、重复布网、管理效率低等问题，亟须开展宽窄融合节点设备研制和边缘计算管理系统研发，构建电力低功耗宽窄融合无线传感网络系统。

6. 目前缺乏针对电力无线传感网通信数据加密与认证的安全防护方案

电力物联网安全防护以"横向隔离、纵向认证"的边界安全防护为主，未关注感知层网络自身的安全防护，目前尚无专门针对电力无线传感网络的安全防护方案。传感器终端受成本和功耗限制，其计算能力、存储能力、电能供应和传输能力受限，难以采用高开销、高性能的安全防护技术，大多数现有设备，尤其是环境量监测设备，都少用甚至不用加密和身份认证等安全防护技术。安全技术必会给网络带来一定开销，增加网络负担。目前国家电网有限公司尚无专门针对电力无线传感网的安全评测平台，难以评估各项安全技术手段的安全性及开销，无法给出明确的安全技术应用建议。

7.3 解 决 思 路

电力无线传感网功耗组成如图7-6所示。针对超低功耗问题，深入挖掘物理层、通信协议、软硬件低功耗设计与实现技术，研制微瓦级超低功耗无线传感模块，满足电池供

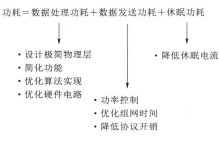

功耗＝数据处理功耗＋数据发送功耗＋休眠功耗

- 设计极简物理层
- 简化功能
- 优化算法实现
- 优化硬件电路

- 功率控制
- 优化组网时间
- 降低协议开销

- 降低休眠电流

图 7-6　电力无线传感网功耗组成

电、自取能类传感器通信需求。

比如提出无线传感网络非对称物理层架构，传感器至汇聚节点采用极简物理层方式（窄带），简化传感器结构，降低功耗；汇聚与接入节点采用多载波方式（宽带），提升传输速率及通信距离。在无线传感器终端侧，重点降低功耗，兼顾速率和距离，平均功耗小于 $100\mu W$，分支电流小于 20mA，速率不小于 20kbit/s，通信距离大于 250m。在节点设备侧，重点提升速率和距离，同时兼顾功耗，最大传输速率不小于 10Mbit/s，单跳通信具体大于 1000m，功耗要求达到毫瓦级。

为确保电力多场景下异构无线传感网络的互联互通，国家电网有限公司发布了 2 套标准化通信协议，见表 7-1。在 470MHz、2.4GHz 频段基础上，解决了传统无线传感网通信协议厂商私有、"孤立烟囱"林立的问题，有利于电力物联传感器生态建设。

表 7-1　　　　　　　　国家电网有限公司无线传感网络通信协议标准

序号	标 准 名 称	标 准 定 位
1	Q/GDW 12020—2019《输变电设备物联网微功率无线网通信协议》	用于高频次、小数量（KB 级以下）微功率传感器接入，如温度、温湿度、形变、倾角等传感器
2	Q/GDW 12021—2019《输变电设备物联网节点设备无线组网协议》	用于传输数据量较大（百 KB 级）、低功耗传感器接入，如局放、振动波形、机械特性等。用于汇聚节点与接入节点组网

国家电网有限公司无线传感网络通信协议标准网络架构如图 7-7 所示。

在安全可信方面，需要攻克轻量级安全加密及认证技术，提出无线传感网络内生安全通信协议，构建输变电设备物联网感知层安全防护体系，在具体思路上可大致分为以下五个方面：

（1）需要明确安全防护总体原则和边界，针对无线传感器网络点多面广的应用特征，攻击者易物理获取或接触到无线传感器终端，网络及设备需自身具备一定的安全防范能力。

（2）单个设备的安全性能要求不高，重点是需要防范规模化供给，无线传感器网络终端数量一般较多，单个终端所提供

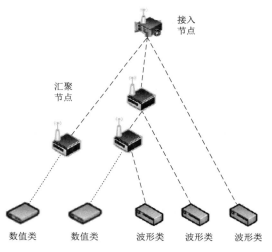

接入节点

汇聚节点

数值类　数值类　波形类　波形类　波形类

·········· 微功率无线网通信协议
------ 节点设备无线组网协议

图 7-7　国家电网有限公司无线传感
网络通信协议标准网络架构

的数据价值无法描述总体目标的状态，一般需要多个传感器协同工作才能为目标提供完整的描述，因此在制定安全防护策略时，需要防止数据的规模泄露。

（3）传感终端在线处理最小化，传感终端一般受到尺寸、价格的约束，其处理能力和内存大小都受到制约，因此需要尽可能避免在终端侧进行复杂的数据处理与大量数据缓存。

（4）需要完善身份认证及数据溯源技术，预防恶意数据，非法终端接入和数据传输导致的网络资源浪费，虚假的数据会对业务系统稳定运行造成影响，因此需要采取相关措施，防范因供给导致的数据误警。

（5）数据加密宜采用高效的短密钥，并采用轻量化加密，为了减少安全策略带来的网络开销，宜尽可能采用短包传输。

为了保证以上提到的几个方面内容，需要提出对应的内生安全通信协议设计评测，需要分别考虑：

（1）协议设计安全：协议自身安全，实现预期安全防护目标、无逻辑漏洞。

（2）协议代码安全：终端开发阶段安全，无危险函数调用和循环错误、无恶意代码植入。

（3）终端固件安全：基础硬件及开发环境安全，无漏洞和后门。

无线传感网安全评测项目如图7-8所示。

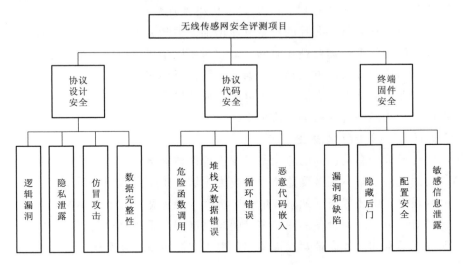

图7-8　无线传感网安全评测项目

针对无线传感网络宽窄带业务承载问题，提出兼容超功耗、大带宽的宽窄融合无线传感网络，在原有通信协议基础上进行宽带化调整，基于严格时隙划分，统一调度宽、窄带链路，同时支持温度、设备运行状态监测等超低功耗感知终端，以及局部放电、图像传感及声波成像等大带宽感知终端接入。需要解决的主要问题包括宽窄带终端的差异化接入和宽窄带混合组网。

7.4 趋 势 展 望

7.4.1 一个更加互联的数字电网

随着电力电子化技术的普及，电力监测和管理设备体积将变得更小，生产将变得更加容易，电力行业已经从单一设备模型转向更模块化的微服务方法。一个设备网络通过低功耗的无线传感网络连接，可以代替一个设备处理每个计算和每个测量，而不是由单一固定的设备来承载，这对于电网管理来说无疑更加提高了可靠性，每个设备也可能由自己的实用程序，它可能使整个网络受益，但需要解决不同应用之间的数据加密问题，因为这些数据可能会携带一些局部地区的敏感信息。

另外，低功耗无线传感网和其他远程技术的互联，如 5G、卫星、光纤等，能够支持低功耗无线传感网通信设备与互联网的连接，将数据从局部收集扩展到全局收集，通过设计无线传感网多协议融合及转换机制，实现不同体制的无线传感网技术的互联互通，这种大连接的手段能够让管理者从更加全面的视角调配电力资源，打破通信与信息孤岛，真正实现数据的互联互通。

7.4.2 芯片短缺与机遇

由于有价值的半导体芯片的高需求和低供应，极致性能的低功耗无线传感网解决方案的生产成本变得更高。加上新冠肺炎、甲流等传染性疾病的流行，国际物流也会受到影响，情况只会恶化。尽管这些芯片的产量有所增加，但随着西方对中国的科技制裁力度的加大，离芯片短缺的结束还需要很长时间。但这对中国半导体企业来说也是一个机会，国内企业会探索以国产化替代的方案来寻求新的无线传感网芯片产品，未来在无线传感网通信和处理芯片产业方面会迎来春天，电力电子产业和电力芯片相关产业也会借这个趋势加速发展，提高无线传感网芯片的国产化水平。

7.4.3 带宽驱动无线传感网发展

虽然低功耗无线传感网面向的应用是温湿度等低数据量应用，但这也限制了低功耗无线传感网的应用范围，毕竟温湿度监测只是电力领域其中一个应用，对于变电力关键设备的震动、电流强度、电压等级、缺陷放电、环境微气象等宽带数据仍然缺乏对应的无线解决方案，同时对于单一电力设备不同状态量的高精度同步采集，也需要高带宽的支持。因此低功耗无线传感网如何提高带宽，提供多种电力监测设备的宽窄融合接入手段是未来发展的一个重要趋势。

7.4.4 与人工智能技术的融合

电网的发展趋势必然是数字化，而数字化带来的优点就是可以通过对数据与人工智能的融合，实现电网的智能化。人工智能技术受益于具有分布式数据的无线传感网，而无线传感网也受益于具有先进管理能力的人工智能。由于人工智能在很大程度上是由数据驱动的，因此无线传感器网络是机器学习数据管理的一项巨大资产。随着无线传感网终端数量的增加，人工智能所收集到的数据从广度和深度方面都会得到提高，其智能化水平也会加大，因此在电力领域，低功耗无线传感网一个重要发展趋势将会是与人工智能进行深度融合，全面提高电网自动化运行、运检和维护水平。

综上所述，无线传感网络是解决电力传感器超低功耗、安全可靠接入、感传一体化和智能化等问题的关键，能够实现区域范围内的传感器灵活组网，支持边缘计算，实现更广泛的信息采集，以此功能为蓝本构建电力无线传感网 1.0 版本。

未来，提升电网强电磁与物理遮挡环境下低功耗无线传感网自愈性能，提高网络智能化的网络连接能力，实现通信-感知-取能一体化的融合设计，推动电网设备状态感知向"去电池、无缆化"的材料器件方向发展，以此为目标研发电力无线传感网 2.0＋版本，如图 7-9 所示。更好地支撑电力设备运行复杂工况下多物理量的综合智能分析，精确辨识电力设备缺陷及其他电力生产安全隐患，形成更强大的边缘智能优势。

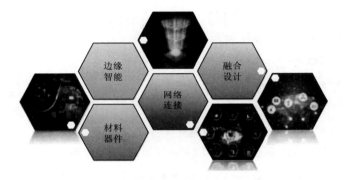

图 7-9　电力无线传感网趋势展望

附 录   主 要 缩 略 语

3GPP   the 3rd Generation Partnership Project，第三代合作伙伴项目

AFH   Adaptive Frequency Hopping，适应性跳频

AES   Advanced Encryption Standard，高级加密标准

AP   Access Point，接入点

API   Application Interface，应用编程接口

APP   Application Layer，应用层

APN   Access Point Name，接入点名称

APS   Application Support Layer，应用支持子层

APSDE   APS Data Entity，APS 数据实体

APSME   APS Management Entity，APS 管理实体

AS   Authentication Server，认证服务器

ASIC   Application Specific Integrated Circuit，专用集成电路

ASU   Authentication Service Unit，认证服务单元

AWS   Amazon Web Service，亚马逊网络服务

BLE   Bluetooth Low Energy，低功耗蓝牙

BPSK   Binary Phase Shift Keying，二进制相移键控

CBC – MAC   Cipher Block Chaining Message Authentication Code，密码块链消息鉴别编码

CCK   Complementary Code Keying，补码键控

CIM   City Information Model，城市信息模型

CPU   Central Processing Unit，中央处理器

CSAT   Carrier Sensing Adaptive Transmission，载波感知自适应传输

CSMA   Carrier Sense Multiple Access，载波监听多路访问

CSMA – CA   Carrier Sense Multiple Access with Collision Avoidance，载波多路侦听技术

DCM   Duty – cycle Muting，占空比

DLL   Data Link Layer，数据链路子层

DSSS   Direct Sequence Spread Spectrum，直接序列扩频

DTU   Data Transfer Unit，站所终端

EUI   Extended Unique Identifier，扩展唯一标识符

eNodeB	Evolved Node B，演进型 3G 移动基站
FFD	Full Functional Device，完整功能设备
FPGA	Field Programmable Gate Array，现场可编程门阵列
FSK	Frequency – Shift Keying，频移键控
FTU	Feeder Terminal Unit，馈线终端
GSM	Global System for Mobile Communication，全球移动通信系统
HART	Highway Addressable Remote Transducer，可寻址远程传感器高速通道的开放通信协议
IBM	International Business Machines Corporation，国际商业机器公司
IEEE	Institute of Electrical and Electronic Engineers，电气与电子工程师协会
IEC	International Electrotechnical Commission，国际电工委员会
ISA	International Society of Automation，国际自动化学会
IoT	Internet of Things，物联网
IPv6	Internet Protocol Version 6，互联网协议第六版
LBT	Listen – Before – Talk，先听后说机制
LoRa	Long Range Radio，远距离无线电
LoRaWAN	LoRa Wide Area Network，LoRa 广域网
LPWAN	Low Power Wide Area Network，低功耗广域网络
LTE	Long Term Evolution，长期演进
LTE – U	LTE – Unlicensed，免授权长期演进技术
MAC	Media Access Control Layer，介质间控制层
MIMO	Multiple – Input Multiple – Output，多输入多输出
M – FSK	M – Frequency Shift Keying，M 进制频移键控
NB – IoT	Narrow Band Internet of Things，窄带物联网
NWK	Network Layer，网络层
OFB	Output Feedback，输出反馈
OFDM	Orthogonal Frequency Division Multiplexing，正交频分复用
OFDMA	Orthogonal Frequency Division Multiple Access，正交频分多址接入
OSI	Open System Interconnection Reference Model，开放式系统互联通信参考模型
PANID	Personal Area Network ID，网络标识符
PHY	Physical Layer，物理层
PKI	Public Key infrastructure，国家商用密码管理委员会办公室提供的对称密码算法
PON	Passive Optical Network，无源光网络

POS	Personal Operation Space，个人操作空间
RFD	Reduced Function Device，简化功能设备
RFID	Radio Frequency Identification，射频识别
SAP	Service AP，服务访问点
SC – FDMA	Single Carrier – Frequency Division Multiple Access，单载波频分复用接入
SF	Single Frequency，单频
SM4	Security Mechanism 4，第四代加密机制
SIG	Bluetooth Special Interest Group，蓝牙技术联盟
STA	Station，站点
sub – GHz	Sub Giga Hz，1G Hz 以下
TTU	distribution Transformer Supervisory Terminal Unit，配电变压器监测终端
UAO	User Application Object，用户应用对象
UNB	Ultra Narrow Band，超窄带技术
UMTS	UMTS（Universal Mobile Telecommunications System，通用移动通信系统
WAI	WLAN Authentication Infrastructure，无线局域网鉴别基础结构
WAN	Wide Area Network，广域网
WAPI	Wireless LAN Authentication and Privacy Infrastructure，无线局域网鉴别和保密基础结构
WIA – PA	Wireless Networks for Industrial Automation Process Automation，面向工业过程自动化的工业无线网络标准技术
WiFi	Wireless Fidelity，无线保真
WSNs	Wireless Sensor Networks，无线传感器网络
WIoTa	Wide – range IoT Communication，广域物联网通信协议
WLAN	Wireless Local Area Network，无线局域网
WPI	WLAN Privacy Infrastructure，无线局域网保密基础结构
WEP	Wired Equivalent Privacy，有线等效保密
ZETA	Zongheng Electric Technology Association，纵横电子技术协会
LDPC	Low Density Parity Check，低密度校验